无人系统技术出版工程

无人机编队控制与重构的拟态物理学方法

Artificial Physics Methods for UAV Formation Control and Reconfiguration

王　勋　沈林成　王祥科　著

U0213363

国防工业出版社

·北京·

内 容 简 介

　　无人机集群作战是未来无人机的主要军事应用模式之一,灵活可扩展的编队能力是无人机集群遂行军事任务的重要支撑。本书聚焦无人机的编队控制和重构问题,系统地建立了多层问题解决方案,针对各个子控制问题设计控制方法,探索利用拟态物理学的思想解决无人机路径跟踪、编队控制和重构等问题,并对所给出的系列方法进行了试验验证。本书突出前沿学科交叉和军事应用背景,注重思路和基础理论的阐述,力求使广大读者在了解无人机编队控制相关问题和掌握相关方法的同时,学会利用自然界的物理现象解决现实中的工程技术问题。

　　本书适合作为无人系统相关专业高年级本科生和研究生的扩展读物,也可作为无人系统相关专业工程技术人员的参考读物。

图书在版编目(CIP)数据

无人机编队控制与重构的拟态物理学方法/王勋,
沈林成,王祥科著. —北京:国防工业出版社,2023.2
ISBN 978 – 7 – 118 – 12624 – 2

Ⅰ. ①无…　Ⅱ. ①王…②沈…③王…　Ⅲ. ①无人驾
驶飞机 – 编队飞行 – 研究　①V279②V323.18

中国国家版本馆 CIP 数据核字(2023)第 019363 号

※

*国防工业出版社*出版发行
(北京市海淀区紫竹院南路23号　邮政编码100048)
天津嘉恒印务有限公司印刷
新华书店经售
*
开本710×1000　1/16　印张9¾　字数165千字
2023年2月第1版第1次印刷　印数1—1500册　定价80.00元

(本书如有印装错误,我社负责调换)

国防书店:(010)88540777　　　书店传真:(010)88540776
发行业务:(010)88540717　　　发行传真:(010)88540762

序

近年来,在智能化技术驱动下,无人系统技术迅猛发展并广泛应用:军事上,从中东战场到俄乌战争,无人作战系统已从原来执行侦察监视等辅助任务走上了战争的前台,拓展到察打一体、跨域协同打击等全域全时任务;民用上,无人系统在安保、物流、救援等诸多领域创造了新的经济增长点,智能无人系统正在从各种舞台的配角逐渐走向舞台的中央。

国防科技大学智能科学学院面向智能无人作战重大战略需求,聚焦人工智能、生物智能、混合智能,不断努力开拓智能时代"无人区"人才培养和科学研究,打造了一支晓于实战、甘于奉献、集智攻关的高水平科技创新团队,研发出"超级"无人车、智能机器人、无人机集群系统、跨域异构集群系统等高水平科研成果,在国家三大奖项中多次获得殊荣,培养了一大批智能无人系统领域的优秀毕业生,正在成长为国防和军队建设事业、国民经济的新生代中坚力量。

《无人系统技术出版工程》系列丛书的遴选是基于学院近年来的优秀科学研究成果和优秀博士学位论文。丛书围绕智能无人系统的"我是谁""我在哪""我要做什么""我该怎么做"等一系列根本性、机理性的理论、方法和核心关键技术,创新提出了无人系统智能感知、智能规划决策、智能控制、有人–无人协同的新理论和新方法,能够代表学院在智能无人系统领域攻关多年成果。第一批丛书中多部曾获评为国家级学会、军队和湖南省优秀博士论文。希望通过这套丛书的出版,为共同在智能时代"无人区"拼搏奋斗的同仁们提供借鉴和参考。在此,一并感谢各位编委以及国防工业出版社的大力支持!

吴美平

2022 年 12 月

前　言

随着自动控制技术、通信导航技术和人工智能等相关技术的快速进步,无人机逐步走进了人类活动的各个方面,包括娱乐、农业、工业、消防、遥测和军事等各个领域。其中,无人机的军事应用备受人们的关注。目前,无人机正在逐步取代有人机,在军事领域中承担越来越多的军事任务,如空中侦察、对地打击、电子干扰和对空作战等。受到自然界中生物编队行为的启发,人们越来越认识到多无人机合作能够以更小的代价完成更复杂的任务。与单个无人机相比,无人机集群在灵活性、容错性和协作性上具有明显的优势,可以预见,无人机集群是未来无人机执行军事任务的重要模式。

为更好地遂行无人机集群作战任务,要求无人机集群能够灵活地变换编队队形,应对集群中无人机数量的变化,对战场态势做出实时的反应,需要灵活可扩展的编队控制方法作为支撑。本书瞄准上述问题,采用拟态物理学的思想探索灵活实用的无人机编队控制与重构方法,力求使广大读者在了解无人机编队控制相关问题和掌握相关方法的同时,学会利用拟态物理学的思路解决现实中的工程技术问题。

本书共分为 7 章,各章的主要内容如下。

第 1 章介绍研究背景,给出编队控制方法和重构方法的研究现状和拟态物理学方法的研究进展;针对目前存在的问题,引出本书的目的、内容和结构。

第 2 章对无人机编队控制与重构问题进行分析建模,从不同的角度对无人机编队控制及重构问题进行分解和分类。给出基于拟态物理学思想的分层解决方案,包括基于自抗扰控制的无人机底层控制、基于虚拟力的轨迹和路径跟踪引导律、液体球启发的编队控制方法和基于拟态物理学的编队重构策略。

第 3 章针对小型固定翼无人机的模型不确定的问题,给出利用自抗扰控制技术设计小型无人机姿态和速度控制器,并分析了模型偏离对控制性能的影响,为无人机编队的上层控制提供底层支撑。

第 4 章针对 Leader 的路径跟踪和避障问题,给出基于虚拟力的无人机轨迹和路径跟踪引导律。考虑无人机的运动学模型,通过设计多个虚拟力计算期望的转向速率,可以使无人机在跟踪参考轨迹或路径过程中避开障碍,给出了方法的证明和算例仿真结果。

第 5 章针对编队构成与保持问题,给出液体球启发的拟态物理学编队控制方法。考虑质点模型,将编队建模为一个用虚拟弹簧网络模型描述的液体球。根据有无 Leader,给出了液体球启发的 Leader - Follower 编队控制方法和虚拟 Leader 编队控制方法,并分别给出了方法的稳定性和收敛性证明与算例仿真结果。

第 6 章针对 3 种类型的编队重构问题,给出基于拟态物理学的编队重构方法,包括编队任务变化时、无人机数量变化时和编队遇到障碍时的编队重构策略。实现像液体自然融合和分离一样增加或减少无人机数量,编队像液体流过或挤过障碍物一样避开障碍。

第 7 章设计了高保真的硬件在回路试验系统和飞行试验系统,并对上述的各种方法进行验证。

本书出版的过程中,得到了国家自然科学基金项目"具有抗毁性拓扑结构的无人机编队对偶四元数控制方法"(61403406)等项目的支持。本书撰写的过程中得到了大量的支持和帮助。感谢对本书给予过关怀、支持和帮助的人们。

由于作者水平有限,书中难免有遗漏或不当之处,恳请各位专家和读者批评指正。

目　　录

X

第1章 绪 论

1.1 背 景

随着无人机(unmanned aerial vehicle, UAV)的性能逐渐提高,无人机的应用也越来越广泛。实践一再表明,无人机是执行危险、恶劣环境和枯燥任务的最佳选择[1]。受到自然界中生物编队行为的启发,人们越来越认识到多无人机合作能够以更小的代价完成更复杂的任务。与单架无人机相比,无人机编队可以减少飞机的燃油消耗,在灵活性、容错性和协作性上具有明显优势。因此,多无人机编队在环境监测[2]、森林防火[3]、区域侦察[4-5]、目标跟踪[6-7]、协同作战等民用和军事领域得到了广泛关注。

图1.1所示为无人机编队飞行的例子。

(a) 两架"全球鹰"无人机编队

(b) "神经元"无人机和有人机编队

(c) 美国50架无人机集群实验

(d) 两架"翼龙"无人机编队

图1.1 无人机编队飞行的例子

关于无人机编队的研究,美国处于领先地位。2012 年,诺斯罗普·格鲁曼公司联合美国国防部高级研究计划局(DARPA)和 NASA Dryden 飞行研究中心成功地演示了两架"全球鹰"无人机编队飞行,并完成了无人机空中加油试验。2014 年 8 月,美国海军演示了 X - 47B 无人作战飞机(UCAV)与一架 F/A - 18F 超级"大黄蜂"有人驾驶战机的编队飞行。除了小规模的编队,美国海军研究生院正在研究"低成本无人机蜂群技术"(LOCUST)项目,并于 2015 开展了 50 架小无人机集群飞行试验,2016 年 4 月完成了 30 架无人机连续发射并编组飞行的试验。2016 年初,英特尔在奥地利电子艺术中心展示了 100 架四旋翼编队飞行表演。除了美国,欧洲强国也在无人机编队方面开展了一些研究,如 2014 年 3 月法国达索航空公司展示了"神经元"无人作战飞机验证机与"阵风"双发战斗机、"隼"7X 公务机编队飞行。整个飞行任务持续了 1 小时 50 分钟,航程覆盖地中海地区数百千米。由此可见,无人机编队技术已经受到了美欧许多军事强国的重视,并已经取得了一些研究成果。目前,我国已逐步认识到无人机编队的重要性,并于近几年开展了一系列的研究工作,最具代表性的是 2015 年初两架"翼龙"无人机进行了双机编队飞行试验。但与美国相比,我国针对无人机编队的理论研究和应用研究都相对落后。

1.2　国内外研究现状及分析

无人机是一种特殊的智能体,很多针对无人机编队控制方法都来自人们对多智能体编队理论的研究[8 - 11]。因此,下面的研究现状是对相关理论的梳理,并不局限于针对无人机编队的研究,很多其他类型智能体的编队方法也具有借鉴意义,如关于地面无人车辆[12]、无人水下潜航器[13]、卫星[14]和航天飞机[15]等编队的研究。

▶ 1.2.1　编队控制方法研究现状

按照编队控制方法的结构划分,传统的无人机编队控制方法可以分为四大类:长僚机法[16 - 20]、基于行为的方法[21 - 22]、虚拟结构法[15,23 - 24]和人工势场法[25 - 27]。目前,这些研究方法已经逐步混合在一起,难以绝对区分。为了清晰地阐述编队控制方法的研究脉络,分别介绍长僚机法、基于行为的方法、虚拟结构法和人工势场法的研究现状。

1. 长僚机法

长僚机法在多智能体领域也称为跟随领航者法(Leader - Follower 方法),即指定队形中的某架无人机作为 Leader,其他的无人机作为 Follower 跟随 Leader 运动。这种方法将队形控制问题转化为 Follower 跟踪 Leader 的朝向和位置的问题。因此,可用标准的控制理论进行分析并实现跟踪误差的收敛。Kumar 教授领导的 GRASP 团队对基于 Leader – Follower 的多智能体系统做了大量理论和试验上的奠基工作,如利用反馈线性化方法设计了编队控制律并证明其渐近稳定性;设计了基于全向视觉的多机器人编队和队形切换验证试验;提出了合作 Leader – Follower 方法,使 Follower 的运动不仅由 Leader 决定,还受其他智能体(如自身的 Follower)的影响;提出了 Leader 到编队的稳定性概念,并借助该概念分析了 Leader – Follower 法中,输入或控制误差的传输对编队结构稳定性的影响[28]。此外,其他研究者也对 Leader – Follower 方法进行了大量持续有效的研究工作。例如,Eugene Lavretsky 等[29]基于 Leader – Follower 方法,使用比例 – 积分 – 微分(proportion – integration – differentiation,PID)控制和自适应 PID 控制分别实现了两架 F – 18 的编队控制,文献[30]基于 PID 控制方法实现两架小型无人机长僚机编队飞行。陈春东等[31]采用经典 PID 控制方法设计了紧密编队控制系统。Fabrizio Giulietti 等[32]研究了长僚机方法的控制效果,对比了长机模式和前机模式的控制性能。基于 Leader – Follower 框架,很容易应用更为复杂的控制算法,如动态逆控制[33–35]、滑模控制[36]、自适应控制[37]、模型预测控制[38]和模糊控制[39]等。基于 Leader – Follower 方法的无人机编队飞行控制方法的优点是理论相对成熟,通信带宽要求低;缺点是不够灵活,鲁棒性比较差,当长机出现故障时,整个编队都将遭到破坏[40]。

2. 基于行为的方法

基于行为的编队控制方法为基于行为的方法在多智能体系统中的延伸和应用。基于行为的控制器由一系列行为,即简单的基本动作组成。每个行为都有自己的目标或任务,其输入可以作为无人机的传感信息或者系统中其他行为的输出。相应地,每个无人机的输出送到其执行器以控制无人机的运动,或者作为系统中其他行为的输入,从而构成交互的行为网络。基于行为的方法的核心在于各种基本行为的设计和有效的行为协调机制,即行为选择问题[28]。

Balch 等[41]首先将基于行为的方法应用于多智能体编队控制中,通过设计一系列基本行为实现智能体系统编队避障并运动到目标点,同时开展了仿真和试验的对比研究。Lawton 等[42]采用基于行为的方法研究了多空间飞行器编队飞行问题,并分析了编队的收敛性和误差的影响。Monteiro 等[42]将基于行为的方法扩展到具有非线性动力学特性的多智能体编队系统。Jadbabaie 等[43]对基于行为的方法进行了深入的分析和形式化描述,提出了具有深远影响的最近邻协调思想。上述方法中行为选择或者行为之间的权值设定一般具有任意性。

Antonelli 教授领导的团队提出了一种新的基于行为的多智能体编队方法——NSB(null - space - basedbehavioral)方法[44]。该方法的核心思想是将多智能体系统看作一个过约束系统,并定义每个基本行为,如多智能体系统圆形编队、直线编队和避障运动等。当存在多个基本行为时,定义各个基本行为的优先级,将低优先级行为的速度映射到高优先级行为的速度的零空间上(NSB 名称的由来)。相对于其他基于行为的方法,NSB 方法有清楚的数学表示,并且可保证高优先级的动作得到完全执行,低优先级动作在可满足情况下部分执行,充分利用了多智能体系统的冗余特性。此外,还证明了该方法的稳定性,并且在地面全向机器人和水下机器人等实际系统中进行了各种形式的编队及避障实验,取得了较好的实验效果。文献[45]将基于行为的方法应用于两架无人机编队。文献[46]利用基于行为的方法研究了无人机编队队形保持及避免碰撞的问题。

基于行为的方法的优点在于它能自然地整合多智能体系统中的多个(竞争性)目标,且一般的基于行为的方法中单个智能体只需要邻居智能体的信息,其本质上是一种分布式的控制方法,不会受到智能体规模的影响。相应地,该方法的主要缺点在于它一般无法显式地定义群体行为,即基本行为通常具有某种涌现性,很难从数学上定量描述和分析编队的诸多特性,如稳定性和收敛速度等。

3. 虚拟结构法

虚拟结构法的基本思想是将无人机编队的队形看作虚拟的刚性结构,每个智能体看作刚性结构上相对位置固定的一点。当队形移动时,无人机跟踪刚体上的虚拟点运动[47]。相比于 Leader - Follower 方法,虚拟结构法一般不需要显式的领航者,且可以将编队误差作为反馈引入控制律的设计中,从而取得较高的控制精度。例如,文献[48]利用李雅普诺夫函数定义编队误差,将误差作为编队反馈整合到虚拟结构法中,从而设计编队控制律。Ren Wei 等[49]引入编队反馈控制来克服多智能体编队运行时扰动对队形控制的影响。为了克服虚拟结构法集中控制的弊端,文献[50]将分散控制引入虚拟结构法中,并设计了基于虚拟结构法的空间飞行器编队分散式控制框架。虚拟结构法也被应用于各类机器人的编队控制中,例如,Yoshioka 等[51]在虚拟结构反馈线性化基础上,设计了几种非完整约束的多机器人编队控制策略,包括基于虚拟结构法的一致性、蜂拥和避障等策略。Broek 等[52]针对非完整约束的单轮机器人设计了虚拟结构法的控制律,特别地,通过引入智能体间的交互耦合提高了编队对扰动的鲁棒性。Lalish 等[53]基于虚拟结构法研究了三维空间中编队跟踪问题。在此基础上 Linorman 等[54]基于虚拟结构法并结合同步控制器设计了多无人机的自动编队飞行驾驶仪。Chang Boon Low 等[55]基于虚拟结构法提出一种灵活虚拟结构编队控制方法,灵活虚拟结构编队控制可以使无人机编队沿着参考轨迹平滑地转弯。

在此基础上,又在文献[56]给出了动态虚拟结构编队控制框架,该框架能够实现无人机在编队过程中在指定的队形间机动变换。Hamed Rezaee 等[57]采用基于虚拟结构的编队飞行策略,利用交叉耦合的滑模控制器解决无人机编队过程中姿态测量误差、不可测量的外部干扰(如风),并利用运动同步方法提高无人机编队收敛的速度。文献[58-59]将虚拟结构法与长僚机法相结合,提出基于虚拟长机的方法试图解决无人机编队侦察控制问题,并进行了仿真验证。进而,Yoko Watanabe[60]基于虚拟长机设计分散协同控制系统,同时利用了 all-to-all 通信模式,多智能体相位分布势场函数,并利用李雅普诺夫直接方法证明了方法的局部渐进稳定性,最后通过小型无人机编队飞行试验验证方法的有效性。

虚拟结构法的主要长处在于它容易整体描述群体的行为,并且能够自然地应用编队反馈来设计控制律,从而取得较高的编队控制精度。但是其缺点也在于编队必须刚性运动,这限制了该方法的应用范围。

4. 人工势场法

人工势场法的基本思想是借鉴物理学方面的概念,飞行环境中的障碍物对无人机产生排斥力,目标点对无人机产生吸引力,在合力的作用下无人机沿着最小化势能的方向运动。人工势场法主要是通过设计人工势场函数来表示环境及队形中各智能体之间的约束关系,并以此为基础进行分析和控制。Jing Yao 等[61]研究了多智能体系统编队和避障问题,基于势场函数的方法设计控制器。也有一些研究者提出了各种基于人工势场法的改进方法。Cristian Secchi 等[62]研究了多机器人编队控制问题,采用人工势场法稳定机器人编队,将控制系统建模为一系列通过内部连接结构交换能量的储能单元,并采用分散的结构将编队稳定在期望的队形。Bennet 等[63]基于人工势场法研究无人机编队的改进导航算法,设计新的分叉势场法(bifurcating potential fields),通过简单地改变参数可以实现无人机编队的队形变换,并可以避免执行器的饱和问题。Murray 等[64]利用智能体之间的距离信息设计人工势场函数,得到的分布式控制器不依赖于所有智能体的信息,可以最终保证智能体之间的距离达到期望值,但是这种方法不能保证最终收敛队形的唯一性。为此,Murray 等在文献[25]中提出改进的结构势场函数法,即通过增加距离约束确保期望队形唯一。但是,这使得整个编队需要更多的通信。

在计算复杂度方面,人工势场法与基于模型预测控制的编队避障方法[65-66]相比更加简单。但是人工势场法的灵活性和可扩展性较差,因为这种方法需要将编队队形广播给所有的智能体成员。若要改变编队的队形或者向编队中添加一个智能体,需要更改所有智能体的队形配置。人工势场法的另一个问题是局部最小值问题[27]。此外,人工势场函数设计比较困难,很容易导致不收敛的情况发生[67]。

上述 4 种无人机编队控制方法各具优缺点,表 1.1 列出了各种方法的基本思想和优缺点。

表 1.1 无人机编队控制方法对比

方法	长僚机法	基于行为的方法	虚拟结构法	人工势场法
思想	指定长机,僚机跟随	根据行为定义基本动作,进行行为间协调	将编队看作虚拟的刚性结构	障碍产生排斥力,目标产生吸引力
优点	理论成熟,通信量少	处理多目标,分布式方法	易整体描述,通信鲁棒性好	计算简单
缺点	不够灵活,鲁棒性差	不易数学分析,如稳定性分析、收敛性分析	刚性运动限制了应用范围	局部极值不收敛问题

▶ 1.2.2 编队重构问题研究现状

编队重构使无人机编队能够适应任务环境的变化,化解环境中的各种威胁,最终保障无人机编队顺利高效地完成编队任务。目前,编队重构主要研究无人机或智能体如何从初始位置收敛到给定期望队形位置,或者在编队保持过程中如何避障的问题。文献中出现的方法主要包括基于重构图的方法、基于最优控制的方法、基于模型预测控制的方法等。

1. 基于重构图的方法

Fabrizio Giulietti 等[32]首先对无人机编队重构问题进行了研究,他们用图论表示机间通信,每条边赋一个权重,采用图规划的方法(如 Dijkstra 算法)优化编队的通信,并提前指定期望的编队队形,从而提出重构图(reconfiguration maps)的概念,用来描述当编队中无人机的数量改变时,如何进行编队重构,如图 1.2 所示。

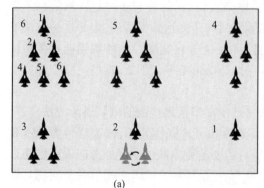
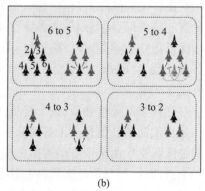

(a)   (b)

图 1.2 6 架无人机以内可能的编队队形(a)和相应的重构图(b)

重构图实质上是一种启发式规则集。进一步,他们又在文献[68]中研究了编队中通信失败的鲁棒性问题,首先采用图规划的方法寻找一种编队构型能够使得通信最优,然后考虑当某一条通信失败时的通信重构问题,其无人机编队位置的重构同样采用重构图的方法。在此基础上,Atilla Dogan 等[69-70]研究了在已知目标队形的情况下,如何实现编队重构的控制问题。通过假设由重构图的方法得到了目标队形,然后在虚拟长机的框架下,采用线性二次型调节器(linear quadraticregulator,LQR)和反馈线性化的方法控制无人机实现队形的变换控制。在队形变换的过程中为了避免无人机之间发生碰撞,需要改变相对位置的无人机首先要爬升高度,到达预定高度后再进行水平队形的变换,到达目标水平位置以后再降低到期望高度,通过这种不同高度层的方法避免无人机间的碰撞。此外,他们还采用无人机 6 自由度非线性刚体模型设计了多无人机编队的仿真系统[71],该系统可以灵活地增加和减少无人机数量,处理各种编队构型,适应于动态任务规划,测试不同的控制方法,并且可以适应不同尺寸的无人机。

2. 基于最优控制的方法

最优控制是求解编队重构轨迹的一种常用方法,根据不同的任务,有不同的最优指标,有的需要最小时间,有的需要最小误差或最少燃油消耗。在深空作业中,高精度和最小燃料消耗是关键;在救灾问题中,最小化任务时间是关键[72]。Chong Xiang 等[72]提出一种最小化编队重构时间的两阶最优重构策略,将编队重构分为两个步骤:第一步,从上一个编队重构完成开始,当无人机处于空闲时间(idle time)时,无人机运动到预设的编队位置,该位置距离所有可能目标位置的距离尽可能近;第二步,当无人机接到目标编队指令时,运动到相应的位置。在此基础上,Amir Ajorlou 等[73-76]又根据不同的优化指标,设计空闲时间的预设编队队形实现时间最优或者燃油消耗最优的编队重构。同样基于最优控制的思想,Shannon Zelinski 等[77]对自主车辆编队重构问题进行了研究,首先将重构问题描述为最优控制问题,在建模过程中假设已知编队初始状态和目标编队状态,并给定编队重构时间,这实质上是一种已知目标队形的队形变换问题。文献[78]进一步设计混杂控制结构,使得编队能够在编队保持模式和编队重构模式之间可靠切换,并用一个直升机和三个虚拟无人机进行了验证。Christopher G. Valicka 等[79]为实现无人机编队协同到达目标位置,设计了基于最优控制的编队控制方法和避碰控制方法,将两种控制方法相结合解决无人机的安全编队问题。Fidelis Adhika 等[80]采用最优控制的思路生成最优轨迹,设计滑模控制器跟踪期望轨迹,从而实现无人机之间的避碰重构控制。张立鹏等[81]针对具有固定无向通信拓扑图的无人机编队构成问题展开了研究,以各"相邻"无人机与预定构型间的相对误差建立分散最优控制模型,采用求解线性矩阵不等式的方法得到分散条件下的最优反馈控制输入。

无人机编队重构一般是在线进行的，如何求解基于最优控制的编队重构问题，即如何求解最优化问题也一直受到人们的关注。最常用的方法是迭代求解的方法，Chen Bai 等[82]研究复杂动态环境下时间最优编队重构问题，采用混杂粒子群算法对最优化问题进行迭代求解。Jichao Tian 等[83]采用遗传算法对时间最优编队重构问题进行求解。熊伟等[84]对遗传算法进行了改进，提出了一种新的结合控制作用参数化与时间离散化（CPTD）方法和遗传算法（GA）的混合算法，对该问题进行求解。Haibin Duan 等[85]提出将混杂粒子群优化和遗传算法结合的方法求解由无人机编队重构问题导出的参数优化问题，用仿真验证了该方法的性能优于基本的粒子群算法。针对最优化问题在线求解问题，Seiya Ueno 等[86]认为在实时应用中很难用迭代的方法找到最优解，一般的求解算法也会由于不好的初始值导致无解。因此在时间最优的编队重构优化问题中采用 Dijkstra 算法取代迭代求解的算法，从而快速得到无人机从初始状态到目标编队状态的最优路径。

3. 基于模型预测控制的方法

基于最优控制的思想发展起来的模型预测控制（也称滚动时域控制）方法，在处理约束方面有着直接的优势，近年来也被用于研究无人机编队控制和编队避障重构问题。张祥银等[38]在长僚机紧密编队中采用滚动时域控制的方法控制僚机，并采用微分进化的方法对问题进行求解。华思亮等[87]在长僚机松散编队问题中，采用二次规划描述的滚动时域控制方法设计了编队控制器。在此基础上，结合不变集理论设计了双模滚动时域编队控制器，分析了其应用局限性，并给出了控制器参数设计的指导意见。这些文献只是用模型预测控制的框架解决无人机编队保持或编队构成问题，没有深入考虑编队重构问题，也有很多工作利用上述框架解决无人机编队避撞重构问题。周欢等[88]应用扩展卡尔曼滤波预测不确定性环境空间的障碍物和目标轨迹，无人机通过机间通信实现环境信息共享，基于模型预测控制方法进行多无人机协同防碰撞制导决策。A. T. Hafez 等[89]采用线性模型预测控制实现无人机从巡航编队向动态协同盘旋编队的队形变换重构。Zhou Chao 等[90]采用非线性模型预测控制研究了无人机编队避撞重构问题，并设计一种滤波 – 序列二次规划（filter – sequential quadratic program，F – SQP）方法求解非线性规划问题，其中滤波器的引入是为了帮助确定 SQP 的参数。为了求解非线性模型预测控制问题，Ru Changjian 等[91]采用基于Taksgi – Sugeno（T – S）模型的多模型预测控制方法，将无人机编队控制的非线性问题进行线性化加权求解。Xiaohua Wang 等[92]研究无人机编队在未知环境里的控制问题，提出一种双模控制策略，即安全模式和危险模式，两种模式用不同的策略生成编队轨迹,均采用广义预测控制的方法跟踪参考轨迹。文献[93]用 Voronoi 细胞描述无人机在编队中的位置,设计分布式模型预测控制器实现部分无人机离开编队时的编队重构。

多数利用模型预测控制方法的文献只是研究利用模型预测控制框架解决相应问题的理论可行性,很少涉及模型预测控制在线优化求解的实时性问题。有些文献为降低编队重构中模型预测控制问题的在线计算量,探讨从结构上降低模型预测控制问题求解规模的方法。例如,Arthur Richards 等[94]从控制方法结构本身出发,首先将分散式模型预测控制引入到无人机编队控制问题中,采用整数规划求解优化问题,并与传统的集中式模型预测控制方法进行仿真对比,结果表明分散式模型预测控制的性能有轻微降低,但计算时间被大幅缩短。Francesco Borrelli 等[95]基于滚动时域控制提出一种分散控制设计方法,并考虑当该方法没有找到可行解时,采用紧急机动的方式避免无人机间的碰撞。Kuwata 等[96]对上述方法进行改进,提出了基于分散鲁棒滚动时域控制的编队控制方法,继而给出鲁棒稳定的充分条件[97]。

Zhao Weihua 等[98]在分散鲁棒模型预测控制的框架下,设计一种障碍规避控制方法,可以规避各种形状和尺寸的障碍。Dunbar W. B 等[99]以步行机器人编队控制为例,对分布式模型预测控制方法和集中式模型预测控制方法进行对比,结果表明集中式方法的控制性能略好于分布式方法,但集中式的方法有 81 个变量,分布式每个子问题只有 27 个变量,分布式模型预测控制算法采用并行计算,比集中式模型预测控制算法快 43 ~ 58 倍,平均快 50 倍。Jongho Shin 等[100]在无人机编队飞行问题中对比了集中式模型预测控制、连续分散式模型预测控制和完全分散式模型预测控制的控制效果,集中式方法效果略好,但是计算时间是后两者的 5 倍左右,后两者的效果相似,但是完全分散式方法对信息中断鲁棒性比较好,比连续分散式的计算时间略长。

为降低无人机编队重构问题的求解规模,茹常剑等[101]采用分布式模型预测控制方法研究无人机间相互支援和补充的编队重构问题。文献[102]采用分布式模型预测控制解决多无人机分布式优化搜索问题,与集中式模型预测控制方法(集中式模型预测控制)相比,基于分布式模型预测控制的方法减少了优化决策时间。其中,基于集中式模型预测控制的方法单步决策的平均求解时间为 14.6918s,而采用分布式模型预测控制方法,单步决策的平均求解时间为 7.341s。Francesco Borrelli 等[95]将基于分散模型预测控制的编队重构问题表述为较小规模的混合整型线性规划问题,并将其转化为等价的分段仿射状态反馈控制器设计问题,通过建立离线的表格,进而用查表的方式提高在线计算的效率。文献[91]为求解非线性模型预测控制问题,采用基于 Taksgi - Sugeno

(T-S)模型的多模型预测控制方法,将无人机编队控制的非线性问题进行线性化加权求解。文献[103-105]也从结构上探讨了降低模型预测控制应用时的问题求解规模,同时给出了一些优化问题求解手段,但是其在线计算量大的问题依然存在,仍然不能满足无人机编队控制与重构问题的实时性要求。

4. 其他关于编队重构的研究

Damjan Miklic 等[106]考虑所有的智能体在一个有界的二维空间内运动,提出编队网格(formation grid)的概念,即所有的智能体和障碍物都分布在编队网格上,然后采用离散事件调度技术计算能够避免碰撞的编队变换轨迹。为了降低在线计算量,Damjan Miklic 等[107]在文献[106]的基础上进一步提出基于编队网格的分散化重构与同步算法。为验证方法的有效性,Damjan Miklic 等在文献[108]中用 3 台先锋 3 - AT 移动机器人进行了试验验证,如图 1.3 所示。该方法的问题是网格的大小是固定的,其尺寸的选取跟智能体的大小有关,但是没有明确的选择标准。

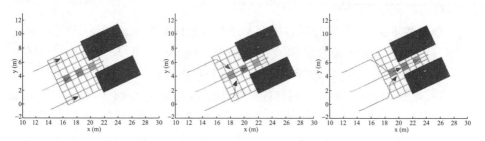

图 1.3　基于编队网格的智能体编队重构

Giacomin 等[109]研究了直线编队与环形编队之间的变换重构问题,需要首先给定初始编队与目标编队队形的参数,设计分段的算法,实现无人机从直线编队到环形盘旋编队的固定编队变换。Hyoung - seok Kim 等[110]研究了无人机编队的局部重构问题,将整个编队任务过程分为 3 层:任务分配,路径规划,编队保持;其中编队重构属于编队保持部分。编队重构过程包括两个机动阶段:首先是故障无人机脱离阶段,然后是替补无人机替代站位阶段。将第一阶段问题建模为最小时间优化问题,将替代站位阶段建模为一个最少燃油消耗优化问题,并采用序列二次规划求解。Ricardo Bencatel 等[111]基于滑模控制提出一种避碰的编队控制策略。通过在无人机的相对位置与滑动平面的形状之间建立联系,使得无人机编队能够在编队过程中实现避碰重构。

魏瑞轩等对无人机编队的安全问题展开了深入研究,首先在文献[112]中探讨了无人机制导与人类认知的联系,提出了基于认知制导的无人机安全控制方法,建立了无人机防碰撞控制策略,并以两架无人机的防碰撞控制为例,对基于认知的无人机安全控制方法进行仿真研究。进一步在文献[113]中提出一种基于认知博弈制导的无人机自主防碰撞方法。Jamie Walls 等[114]针对航天器编队重构问题,提出一个通用解决框架。将编队重构问题分解为 3 层子问题:第一层是编队重构推理,得到什么样的编队队形最优;第二层是编队规划,得到什么样的轨迹可以实现上述的最优编队;第三层是单体控制,即如何控制每一个单体跟踪上述的轨迹。Hu Min 等[115]采用环形追赶策略研究卫星编队重构的问题,这种方法能够控制卫星编队同时改变飞行轨道的高度。Luke Sauter 等[67]提出一种新的半解析的编队重构方法,该方法结合序列优化可以生成燃油消耗最少、避免碰撞的重构轨迹。Xu Huang 等[116]研究如何利用地磁场中产生的洛伦兹力推进实现空间飞行器编队的建立和重构,使用最优化方法求得编队建立或重构的最优轨迹,然后设计滑模控制器实现编队的建立或重构。

一些研究者将队形变换归结为时变编队问题,如文献[117]设计基于一致性理论的编队控制协议,在切换通信拓扑条件下实现预定义的时变队形;文献[118]设计分布式自适应控制器实现预定义的时变编队;文献[119]设计自适应更新机制和分布式容错编队控制协议,解决执行器故障时的时变编队控制问题;文献[120]设计基于辨识的鲁棒控制器,消除时变编队过程中的扰动和未建模因素的影响。

针对前面提到的多种编队重构方法,表 1.2 列出了其中 4 类主要方法的优缺点和处理各种类型编队重构问题的能力。

表 1.2 编队重构方法优缺点及能力对比

方法	重构图法	最优控制法	模型预测控制法	网格法
优点	计算简单	保证最优性	可考虑约束	分布式计算
缺点	不完备, 需提前存储	计算量大, 不能考虑约束	计算量大, 需预知障碍	通信量大, 理论分析困难
任务队形变换	×	✓	✓	✓
动态增减数量	✓	×	×	×
避开已知障碍	×	×	✓	✓
实时探测避障	×	×	×	×

▶ 1.2.3 拟态物理学方法

物理学中有很多自组织的物理现象,文献[121]给出一个磁体的例子。首先将 39 个小磁体放在一个面板上,采用相同的磁极方向放置,因此所有的小磁体相互排斥并达到一个平衡状态。如果此时向面板上扔下第 40 个小磁体,原来的平衡状态就会被打破,小磁体开始移动或跳动最终达到一个新的平衡状态。这些小磁体最终自组织形成一个线性的排列结构,如图1.4所示。在上述编队自组织的过程中,并没有全局的控制器,这种自组织是通过小磁体的局部交互实现的。

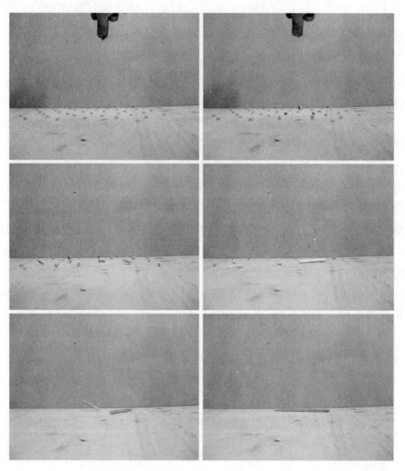

图1.4　物理学中一个自组织的例子

拟态物理学(physicomimetics)是一种人工物理学,其基本思想来源于自然界中的物理学[122]。Spears 等[123]首先提出了人工物理学的概念,即在自然界物理规律的启发下设计虚拟力,智能体根据收到的虚拟力作用做出反应。他们希望在这种思路下,设计一种自组织、容错和自修复的多智能体控制框架。Spears 等在文献[123]中给出一些规则的智能体编队几何配置,给出一个自组织的例子。进一步在文献[124]中用物理学理论给出了上述方法的定量和定性分析,并给出了试验结果。文献[125]在文献[123 - 124]的基础上,提出了"拟态物理学"的概念,即用自然启发的虚拟力将多智能体系统建模为自然界中存在的固体、气体或液体。采用虚拟的物理力使多智能体趋向于期望的队形或状态。期望的稳定状态是整个系统势能最小的状态。在拟态物理学方法中,每个智能体可以像一个分子一样运动($F = ma$)。因此,拟态物理学也建立在坚实的自然科学原理基础之上。

作为一个经典的拟态物理学应用的例子,文献[125]将编队建模为具有规律粒子排列的晶体模型。粒子之间设计类似于万有引力的虚拟作用力。自然界中,晶体以固体的形态存在,这种建模的方法适用于解决编队的聚集(aggregation)问题,不便于考虑障碍规避的问题。基于这种拟态物理学的思路,Wesley等[126]针对协同监测问题提出一种基于气体模型的拟态物理学方法。将多机器人描述为气体,进而覆盖需要监测的区域。文献[127]针对编队清扫和障碍规避问题设计两种标准的气体模型。通过设计模拟的容器,多机器人构成的"气体"模型将逐渐在容器中扩散,并最终达到均匀分布的稳态。因此,基于气体模型的拟态物理学方法适用于编队覆盖问题,如编队清扫问题[127]和有限区域救援问题[126,128]。

自然界中的流体包括气体和液体。气体和液体都能够适应容器的形状充满整个容器,也很容易用于处理障碍规避问题[127]。流体能够挤过较窄的区域,并且在挤过之后能够重新充满整个容器。与气体不同,在没有容器的情况下,液体能够在内部分子力的作用下保持一定的体积[129]。因此,如果设计液体模型,将不再需要设计容器。正因为液体具有这些气体不具备的性质,才使得液体模型具备模拟更加灵活的编队的潜力。

文献[130]针对存在障碍的空间中的模式生成问题,利用光滑粒子流体力学方法将一群智能体建模为不可压缩流体,分析了障碍物对模型的影响,并给出不考虑障碍物时方法的稳定性和收敛性。文献[131]中利用光滑粒子流体力学方法将多自主车建模为简化的流体协同模型。文献[132]在拟态物理学方法中应用广义 Lennard – Jones (L – J)力学定律,并结合离线进化学习方法控制机器人编队穿过障碍物区域到达目标点。因为基于 L – J 力学定律的机器人能够模拟黏性流体,使得需要编队变形时轨迹更加平顺。因此,与基于牛顿力学控制的机器人相比,基于 L – J 力学定律的机器人能够获得更好的性能。

拟态物理学方法通过设计虚拟力模拟自然界的固体、气体或液体实现编队控制,建立在物理学理论基础上,不需要大量的计算。但是与人工势场法类似,拟态物理学方法基于物理学启发的虚拟力,当考虑多个障碍物时,也存在局部最小值问题[121]。此外,现有文献中针对拟态物理学方法的研究并不多见。还有很多有趣的物理学现象可以启发人们针对多智能体系统研究的思路。因此,基于拟态物理学的编队控制方法是一个值得继续深入研究的方向。

▶ 1.2.4 研究现状分析

现有的编队控制方法很难在灵活性、可扩展性、实时性和可靠性等各个方面同时满足无人机编队控制与重构的需求,如传统的长僚机法计算简单、可扩展性强,但是很难灵活地应对各种编队重构;基于最优控制和模型预测控制的方法可以处理编队变换和已知障碍的障碍规避问题,但是需要很大的计算量,很难实时应用;表1.2中所有的编队重构方法都不能处理编队过程中实时探测到的局部障碍。根据目前的了解,还没有方法能够同时用于处理各种原因引起的编队重构问题,包括任务队形变换、动态增减数量、实时障碍规避等。

目前多数研究集中在理论层面,很少具有说服力的试验验证。目前用于实际飞行验证的主要还是传统的长僚机编队控制方法。此外,很少看到新的理论用于实际的无人机编队的队形变换和实时避障问题。因此,目前针对无人机编队控制和重构问题的理论研究与实际应用之间存在一定程度的脱节问题。

1.3 本书的主要内容

针对现有编队控制和重构方法存在的各种问题,基于拟态物理学的思想,探索灵活的、实用的无人机编队控制与重构方法。灵活的编队控制方法首先要能够使编队稳定地收敛到期望的编队队形,整个编队要能够跟踪任务航线以便协同完成指定的任务。其次,为了满足编队重构的需要,编队控制方法要能够实现任意队形的编队,并能灵活地实现各种队形之间的变换;当编队中增加或损失某个个体时,编队控制方法应具有灵活地自主重构能力;当任务空域中出现障碍物时,编队控制方法应能够控制整个编队灵活地变换队形躲避障碍物,并能在通过障碍区域后自动恢复到原来的任务队形。除了要求编队控制方法能够实现上述功能,还要求计算量不能太大以保证算法能够实时应用。

围绕上述问题,本书的主要内容包括以下几个方面。

(1)无人机编队控制与重构问题分析建模,以工程实现为目的给出一种分层解决方案。对无人机编队控制与重构问题进行分析建模,给出各个层次无人机的模型和一些拟态物理学基本概念。此外,针对无人机编队控制与重构问题的复杂性,从多个角度对问题进行分解,获得一系列子控制问题,并对各个子问题进行简要分析。在此基础上,给出一种无人机编队控制与重构问题的分层解决方案,并简要给出各层子问题的对应解决方法。

(2)基于自抗扰控制的无人机底层控制。设计基于自抗扰控制的无人机姿态和速度控制器,以应对小型无人机的模型偏离等带来的不确定性,提高无人机底层控制的鲁棒性,为上层问题的研究中对无人机模型进行简化提供支撑。

(3)基于虚拟力的无人机轨迹跟踪和路径引导律。为实现长机在精确跟踪任务航线时具有障碍规避能力,提出一种基于虚拟力的无人机轨迹跟踪控制方法。通过对无人机进行受力分析,设计虚拟向心力、弹簧力和阻力以计算无人机期望的转向速率。其中虚拟向心力可以补偿参考路径曲率,虚拟弹簧力使无人机收敛到参考轨迹上,虚拟阻力能够在收敛过程中防止震荡的产生。该方法不仅可以跟踪直线和圆,还可以精确跟踪变曲率曲线。在跟踪直线时,该方法等价于比例-微分控制;跟踪圆形或变曲率曲线时,类似于反馈线性化方法。通过重新定义参考点,该方法可以直接运用于路径跟踪问题。此外,通过设计额外的排斥力,可以实现轨迹跟踪过程中规避障碍。

(4)液体球启发的拟态物理学编队控制方法。为实现灵活编队控制,受自然界中液体球的启发,研究基于拟态物理学编队控制方法。设计虚拟弹簧网络模拟液体的表面张力和分子间的引力,从而将多智能体系统建模为一个由虚拟弹簧网络描述的液体球。通过分析液体球模型中各个智能体的受力情况,得到液体球启发的分散式编队控制器,并给出其全局稳定性和收敛性证明。进一步证明,通过参数设置,使用液体球启发的编队控制方法可以实现任意可行队形的编队。

(5)基于拟态物理学的编队重构方法。为了实现编队像液体重组一样进行编队重构,研究液体球启发的编队控制方法的可扩展性和灵活性,进一步研究基于拟态物理学的编队重构方法。针对不同类型的重构问题设计不同的重构策略。通过在线改变分散控制器参数可以实现无碰撞的编队队形变换;通过局部通信重构,可以实现像液体自然融合和拆分一样向编队中随意添加和减少无人机;通过设计虚拟排斥力,实现编队像液体流过或挤过障碍物一样避开障碍。

(6)设计编队飞行试验系统并对上述各种方法进行验证。为验证给出的理论方法设计试验系统,包括基于 X-Plane 飞行模拟软件的硬件在回路仿真系统和基于多架"天行者"无人机的编队飞行试验系统,硬件在回路仿真系统和飞行试验系统中使用相同的自驾仪和地面控制站。试验结果表明经过硬件在回路仿真验证的方法和自驾仪可以直接移植到飞行试验系统,经过一些参数微调即可实现无人机编队飞行。为了控制试验成本,充分利用硬件在回路仿真系统分别对提出的基于虚拟力的引导律、液体球启发的编队控制方法、基于拟态物理学的编队重构方法进行试验验证。

1.4 本书的组织结构

根据研究的主要问题,将本书的主要内容划分为 4 个层次,分别为:第一层次,分析现有编队控制方法和编队重构方法的研究现状,给出各种方法的优缺点对比,针对面临的问题,引出本书的目的和内容。第二层次,深入分析无人机编队控制与重构问题,将问题从多个角度进行划分,并对问题进行建模,给出一种分层的无人机编队控制解决方案。第三层次,针对长机的轨迹和路径跟踪避障问题、灵活的编队控制和编队重构问题,分别设计拟态物理学方法,并给出稳定性和收敛性相关的分析、证明和算例验证。第四层次,设计基于 X – Plane 的硬件在回路仿真系统和编队飞行试验系统,并对提出的各种拟态物理学方法进行试验验证。本书的章节组织结构如图 1.5 所示。

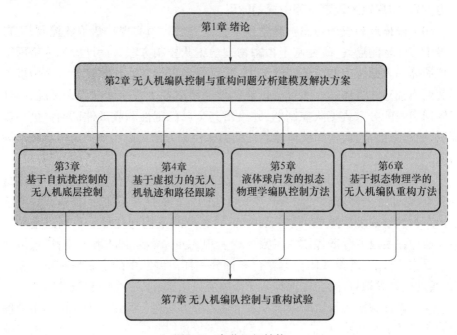

图 1.5 章节组织结构

第 1 章,绪论。介绍研究背景,指出无人机编队控制在现代军事及民用领域的重要性;给出编队控制方法和重构方法的研究现状和拟态物理学方法的研究进展,并分析主要方法的优缺点;针对目前存在的问题,引出本书的目的、内容和结构。

第 2 章,无人机编队控制与重构问题分析建模及解决方案。对无人机编队控制与重构问题进行深入分析、划分和建模,将无人机编队控制与重构问题分解为若干个子问题:长机的轨迹和路径跟踪避障、编队控制方法、编队重构策略等。最后给出无人机编队控制与重构问题的分层解决方案,并简要描述各子问题的方法。

第 3 章,基于自抗扰控制的无人机底层控制。针对小型固定翼无人机的模型不确定的问题,给出利用自抗扰控制技术设计小型无人机姿态和速度控制器,并分析了模型偏离对控制性能的影响,为无人机编队的上层控制提供底层支撑。

第 4 章,基于虚拟力的无人机轨迹和路径跟踪。通过设计 3 种虚拟力,提出一种基于虚拟力的无人机轨迹跟踪控制方法。该方法不仅可以跟踪直线和圆,还可以精确跟踪变曲率曲线。通过重新定义参考点,该方法可以直接运用于路径跟踪问题。通过设计障碍物的排斥力,可以实现轨迹和路径跟踪过程中的障碍规避。

第 5 章,液体球启发的拟态物理学编队控制方法。受到液体球的启发,提出一种液体球启发的拟态物理学编队控制方法。设计虚拟弹簧网络模拟液体球的表面张力和分子引力,从而将多智能体系统建模为一个由虚拟弹簧网络模型描述的液体球。通过分析液体球模型中各个智能体的受力情况,得出分散式编队控制器,并给出其全局稳定性和收敛性证明。进一步证明,通过参数设置,液体球启发的编队控制方法可以实现任意可行队形的编队。

第 6 章,基于拟态物理学的无人机编队重构方法。研究液体球启发的编队控制方法的可扩展性和灵活性,进一步研究基于拟态物理学的编队重构方法。针对不同类型的重构问题设计不同的重构策略。通过在线改变分散控制器的参数可以实现无碰撞的编队队形变换;通过局部通信重构,可以实现像液体自然融合和拆分一样增减编队中无人机的数量;通过设计虚拟排斥力,实现编队像液体流过或挤过障碍物一样避开障碍。

第 7 章,无人机编队控制与重构试验验证。设计无人机编队控制与重构试验系统,包括硬件在回路仿真系统和编队飞行试验系统。硬件在回路仿真系统和飞行试验系统中使用相同的自驾仪和地面控制站。用编队飞行试验验证硬件在回路仿真系统的有效性,然后充分利用硬件在回路仿真系统分别对提出的基于虚拟力的引导律、液体球启发的编队控制方法、基于拟态物理学的编队重构方法进行试验研究。

第 2 章　无人机编队控制与重构问题 分析建模及分层解决方案

作为后续章节介绍拟态物理学编队控制与重构方法的基础,本章对相关问题进行分析建模,给出各个层次无人机的模型和一些相关拟态物理学基本概念。此外,针对无人机编队控制与重构问题的复杂性,本章从过程时间和控制层次的角度对问题进行分解,得到一系列子控制问题,并对各个子问题进行简要分析。在此基础上,给出一种无人机编队控制与重构问题的分层解决方案,并简要给出各个层次子问题的解决方法。

2.1　无人机编队控制及重构问题建模

▶ 2.1.1　无人机模型

本书主要关注无人机的编队控制与重构问题,在不同的子问题中将用到不同层次的无人机模型。本节将给出各个层次相关的无人机模型以及模型的简化过程。

1. 动力学模型

首先给出无人机的动力学模型。固定翼无人机的空间运动可以用其质心运动和绕质心的转动来描述,需要 6 个自由度。用无人机 3 个线坐标和 3 个角坐标来表示无人机的空间运动,包括飞行器质心的位移(线运动:飞行速度的增减运动、升降运动和侧移运动)和绕质心的转动(角运动:俯仰角运动、偏航角运动和滚转角运动)。6 自由度非线性微分方程模型表示如下[133]。

$$
\begin{bmatrix} \dot{x}_N \\ \dot{x}_E \\ \dot{x}_D \end{bmatrix} = \begin{bmatrix} \cos\alpha\cos\beta & \sin\beta & \sin\alpha\cos\beta \\ -\sin\beta\cos\alpha & \cos\beta & -\sin\alpha\sin\beta \\ -\sin\alpha & 0 & \cos\alpha \end{bmatrix} \begin{bmatrix} u \\ v \\ w \end{bmatrix} \tag{2.1}
$$

$$
\begin{bmatrix} \dot{u} \\ \dot{v} \\ \dot{w} \end{bmatrix} = \begin{bmatrix} -g\sin\theta \\ g\sin\phi\cos\theta \\ g\cos\phi\cos\theta \end{bmatrix} + \frac{1}{m} \begin{bmatrix} \begin{pmatrix} F_T \\ 0 \\ 0 \end{pmatrix} + \begin{pmatrix} X^b \\ Y^b \\ Z^b \end{pmatrix} \end{bmatrix} - \begin{bmatrix} qw - rv \\ ru - pw \\ pv - qu \end{bmatrix} \tag{2.2}
$$

$$\begin{bmatrix} \dot{\phi} \\ \dot{\theta} \\ \dot{\psi} \end{bmatrix} = \begin{bmatrix} 1 & \tan\theta\sin\phi & \tan\theta\cos\phi \\ 0 & \cos\phi & -\sin\phi \\ 0 & \sin\phi/\cos\theta & \cos\phi/\cos\theta \end{bmatrix} \begin{bmatrix} p \\ q \\ r \end{bmatrix} \tag{2.3}$$

$$\begin{bmatrix} \dot{p} \\ \dot{q} \\ \dot{r} \end{bmatrix} = (\boldsymbol{I}^b)^{-1} \left(\begin{bmatrix} L \\ M \\ N \end{bmatrix}^b - \begin{bmatrix} p \\ q \\ r \end{bmatrix} \times \boldsymbol{I}^b \begin{bmatrix} p \\ q \\ r \end{bmatrix} \right) \tag{2.4}$$

式中：$[x_N, x_E, x_D]^T$ 表示无人机的位置，$[u, v, w]^T$ 表示飞机惯性坐标系中的速度矢量，$[\phi, \theta, \psi]^T$ 表示无人机的三轴姿态，$[p, q, r]^T$ 表示无人机的三轴角速率。控制量主要包括方向舵偏转角 δ_r、副翼偏转角 δ_a、升降舵偏转角 δ_e、油门杆 δ_T，体现在上述微分方程中的参数中，具体关系可参考文献[133]。

2. 解耦动力学模型

无人机的 6 自由度方程组之间不仅存在着一定的耦合，同时其非线性特性复杂，求取它的解析解是非常困难的，而且难以直接用于编队控制的理论分析与控制器设计，因此可以将复杂的非线性模型进行解耦。对于固定翼无人机，考虑纵向运动状态包括俯仰角 θ、俯仰角速率 q、攻角 α 和空速 V_T，即 $X_{Lon}^T = [\theta, q, \alpha, V_T]$。将上述几个状态的方程单独列出即可得到无人机纵向解耦动力学模型：

$$\begin{cases} \dot{\alpha} = \dfrac{1}{mV_T} \left[\dfrac{\rho V^2 S}{2} (C_{Z1} + C_{Z\alpha}\alpha) - F_T\sin\alpha + mg \right] + q \\[2mm] \dot{V}_T = \dfrac{1}{m} \left[\dfrac{\rho V^2 S}{2} (C_{X1} + C_{X\alpha}\alpha + C_{X\alpha 2}\alpha^2) + F_T\cos\alpha \right] \\[2mm] \dot{q} = \dfrac{1}{I_{yy}} \left[M^b - (I_{xx} - I_{zz})pr - I_{zz}(p^2 - r^2) \right] \\[2mm] \dot{\theta} = q \end{cases} \tag{2.5}$$

式中：M^b 为俯仰力矩，可以表示为控制舵面 δ_e、攻角 α 和无量纲俯仰角速率 $\tilde{q} = \dfrac{\tilde{c}q}{2V_T}$ 的线性组合：

$$M^b = \overline{q}S\,\overline{c}(C_{M1} + C_{Me}\delta_e + C_{M\alpha}\alpha + C_{M\tilde{q}}\tilde{q}) \tag{2.6}$$

考虑横侧向运动状态包括滚转角 ϕ、滚转角速率 p、航向角速率 r 和侧滑角 β，即 $X_{Lat}^T = [\phi, p, r, \beta]$。将相关的方程单独列出，可得到无人机横侧向解耦动力学模型：

$$
\begin{cases}
\dot{\beta} = -r^w + \dfrac{Y^w - F_T\cos\alpha\cos\beta + m\,g_y^w}{mV_T} \\[3mm]
\dot{\phi} = p + q\sin\alpha\tan\theta + r\cos\phi\tan\theta \\[2mm]
\dot{p} = I_{(1,1)}^{-1}(L^b - T_p^b) + I_{(1,3)}^{-1}(N^b - T_r^b) \\[2mm]
\dot{r} = I_{(3,1)}^{-1}(L^b - T_p^b) + I_{(3,3)}^{-1}(N^b - T_r^b)
\end{cases}
\tag{2.7}
$$

其中

$$
\begin{cases}
T_p^b = I_{zz}qp + I_{zz}qr - I_{yy}qr \\[2mm]
T_r^b = I_{yy}qp - I_{xx}qr - I_{xz}qr \\[2mm]
L^b = \bar{q}SbC_L(\delta_a, \delta_e, \beta, \tilde{p}, \tilde{r}) \\[2mm]
N^b = \bar{q}SbC_N(\delta_r, \beta, \tilde{r})
\end{cases}
\tag{2.8}
$$

式(2.5)~式(2.8)中变量的定义可参见文献[134]。

3. 运动学模型

如果设计了底层自驾仪,那么无人机模型可以进一步近似简化,航向和速度控制可以近似为一阶惯性系统,高度控制可以近似为二阶线性系统。此时无人机的运动学模型由式(2.9)给出。

$$
\begin{cases}
\dot{x} = v\cos(\psi) \\[2mm]
\dot{y} = v\sin(\psi) \\[2mm]
\dot{\psi} = \alpha_\psi(\psi_c - \psi) \\[2mm]
\dot{v} = \alpha_v(v_c - v) \\[2mm]
\ddot{h} = -\alpha_{\dot{h}}\dot{h} + \alpha_h(h_c - h)
\end{cases}
\tag{2.9}
$$

式中:ψ_c、v_c、h_c 分别为向底层自驾仪输入的期望航向角、期望速度和期望高度指令;α_*($* = \psi, v, h, \dot{h}$)为与底层自驾及无人机模型相关的正常系数[133]。

4. 简化运动学模型

进一步假设 α_v 相对于 α_ψ 大很多,即 v 能在其他动态收敛之前收敛到 v_c。此时,式(2.9)可以简化为

$$
\begin{cases}
\dot{x} = v_c\cos(\psi) \\[2mm]
\dot{y} = v_c\sin(\psi) \\[2mm]
\dot{\psi} = \alpha_\psi(\psi_c - \psi) \\[2mm]
\ddot{h} = -\alpha_{\dot{h}}\dot{h} + \alpha_h(h_c - h)
\end{cases}
\tag{2.10}
$$

若考虑无人机编队过程中高度保持,令 $\psi_c = \psi + \left(\dfrac{1}{\alpha_\psi}\right)\omega_c$,则式(2.10)又可以简化为 Dubins 模型:

$$
\begin{cases}
\dot{x} = v_c\cos(\psi) \\
\dot{y} = v_c\sin(\psi) \\
\dot{\psi} = \omega_c
\end{cases}
\tag{2.11}
$$

式中:ω_c 为向底层自驾仪输入的期望航向角速率。

对于上述简化得到的 Dubins 模型,有时还要考虑实际系统的输入饱和约束,对于固定翼无人机,一般考虑如下约束。

$$
U_1 = \{v_c, \omega_c \mid 0 \leqslant v_{min} \leqslant v_c \leqslant v_{max}, -\omega_{max} \leqslant \omega_c \leqslant \omega_{max}\}
\tag{2.12}
$$

式中:v_{min} 和 v_{max} 分别为速度指令的最小值和最大值;ω_{max} 为航向速率指令的最大值。当 $v_{min} = -v_{max}$ 时,模型(2.11)简化为一般移动机器人模型。

5. 质点模型

当不考虑输入约束时,令

$$
v_c = v + \Delta t \cdot a_f
$$

$$
\omega_c = \frac{a_l}{v}
\tag{2.13}
$$

式中:a_f 和 a_l 分别为加速度在速度方向和侧向的分量。当 Δt 足够小时,无约束 Dubins 模型可由如下质点模型导出。

$$
\begin{cases}
\dot{p} = v \\
\dot{v} = a
\end{cases}
\tag{2.14}
$$

式中:$p = [x, y]$、$v = [v_x, v_y]$ 和 $a = [a_x, a_y]$ 分别为无人机的位置、速度和加速度。若要导出 Dubins 模型,要求输入 $[a_x, a_y]$ 连续,且速度大小不为 0。

6. 编队质点模型

设计编队控制方法时,为了降低问题的复杂度,无人机可以采用质点模型,即单个无人机的运动可以用牛顿第二定律($F_i = m_i a_i$)来描述,其中下标 i 表示第 i 个无人机。m_i、a_i 和 F_i 分别表示第 i 个无人机的质量、加速度和合力。因此,可以用二阶积分模型描述无人机编队的运动。在 N 架无人机组成的编队中,对于第 i 个无人机 $A_i(i = 1, 2, \cdots, N)$,其二阶积分模型可以表示为以下形式。

$$
\begin{cases}
\dot{p}_i = v_i \\
\dot{v}_i = a_i
\end{cases}
\tag{2.15}
$$

式中:$p_i = [x_i, y_i]'$、$v_i = [v_{ix}, v_{iy}]'$ 和 $a_i = [a_{ix}, a_{iy}]'$ 表示第 i 个无人机的位置、速度和加速度。

▶▶ 2.1.2 编队的参考轨迹

当有长机存在时,编队的参考轨迹可以定义为长机的参考轨迹;当无长机时,可以定义为编队中心的参考轨迹。本书期望的参考轨迹S_r,采用文献[133]中的动态轨迹平滑器(DTS)生成,如式(2.16)所示,其表达式与简化运动学模型相同。

$$\begin{cases} \dot{x}_r = v_r\cos(\psi_r) \\ \dot{y}_r = v_r\sin(\psi_r) \\ \dot{\psi}_r = \omega_r \end{cases} \tag{2.16}$$

其中,$S_r = (x_r, y_r, \psi_r)$表示参考点位置和航向。输入v_r和ω_r分段连续且满足如下约束。

$$\begin{cases} v_{min} \leqslant v_r \leqslant v_{max} \\ \omega_{min} \leqslant \omega_r \leqslant \omega_{max} \end{cases} \tag{2.17}$$

第4章将采用式(2.16)和式(2.17)生成期望的参考轨迹或路径,包括直线、圆和变曲率曲线。

▶▶ 2.1.3 拟态物理学要素建模

本书基于拟态物理学的无人机编队控制与重构方法,其基本思想是模拟自然界中液体球的分子运动,使得编队具有像液体一样灵活的性质。因此,在介绍液体球启发的拟态物理学之前,有必要首先了解液体球的特性,分析液体球形成的原因,以及用来模拟表面张力的质量弹簧系统和虚拟力的概念。

1. 液体球

第5章将给出液体球启发的拟态物理学编队控制方法。这里简单分析一下液体球的形态和性质。在没有重力和外部扰动的情况下,水滴或其他液体都会在表面张力的作用下呈现出完美的球形[129]。位于液体球表面的分子在表面张力的作用下平均分布在液体球的表面。一些太空试验已经证明了这一点,图2.1给出一些太空水球试验的结果。从能量的角度分析,液体在表面张力的作用下呈现的球形是整体能量最小的形态。这里的能量指势能,可以用分子间的相对距离和相互作用力定义。液体从其他形态自然转化为球形的过程是能量减小的过程,这个过程中减少的势能转化为化学能。

2. 质量弹簧模型

本书中利用虚拟的弹簧设计拟态物理学模型。在工程界和物理学界,弹簧是一种很常见的部件或工具。理想弹簧遵守胡克定律,弹簧系统是指由多个弹簧相互连接构成的网络。假设弹簧系统中所有的弹簧均为理想弹簧,则弹簧系统能够将胡克定律扩展到更高维的空间。同时,弹簧系统也可以看作利用有限元方法求解静力学问题的一个特例。理想弹簧系统的状态可以由一组线性方程组求得,求解其平衡状态的问题可以等价为一个能量最小化问题。这跟液体在表面张力的作用下变成球形时的能量最小化有一些相似。一个质量弹簧系统可以简单地描述为一些具有质量的物体和一系列弹簧相互连接的系统,当物体和弹簧的参数确定以后,质量弹簧系统具有固定的目标形态。当将物体看作质点时,质量弹簧系统就变成了用弹簧搭建的粒子系统。图 2.2 是一个环形的质量弹簧系统,本书设计这种模型模拟液体球的表面张力。在这种质量弹簧系统中,连接两个质点的弹簧具有如下 4 个基本参数。

图 2.1　太空中的水球试验

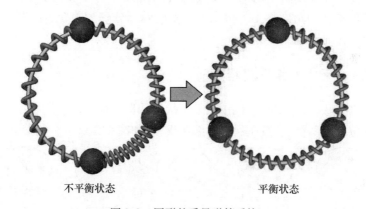

图 2.2　圆形的质量弹簧系统

　　(1) 自然长度:当不给弹簧施加任何外力时,弹簧的长度,即弹簧既没有被拉伸也没有被压缩时的平衡长度。

　　(2) 最小长度:弹簧不发生物理损坏时所允许的最小长度,其值等于自然长度减去最大压缩长度。

　　(3) 最大长度:弹簧不发生物理损坏时所允许的最大长度,其值等于最大拉伸长度加上自然长度。

（4）弹性系数：即弹簧的弹力与物理形变量之间的关系。对于理想弹簧，弹力与形变量成正比。

根据弹簧是否被拉伸或压缩，弹簧产生不同的弹力，事实上，力的大小与弹簧的形变量是非线性关系，但为了分析问题方便，往往将上述关系视为线性。因此本书采用线性弹簧模型，以降低问题的复杂度。

3. 虚拟力的概念

书中多处设计了虚拟作用力，这里的"虚拟"是指实际系统中并不存在，而我们假设它存在，以便于根据这些被虚拟出来的力计算无人机的控制输入。这里所说的"实际系统"指实际的无人机编队系统。在这个系统中，无人机之间和无人机与参考点之间并不存在真实的弹簧，也没有所谓的阻力和向心力。因此，我们说这些力是"虚拟力"。此外，这些"虚拟力"允许一些超出"实际力"的特性，如弹簧弹力为理想弹簧力，弹簧的平衡长度为 0 等，这些特性将使设计的拟态物理学方法具有更好的灵活性。

2.2　无人机编队控制与重构问题分析

从过程时间和控制层次的角度分别对无人机编队控制及重构问题进行分解。从工程实现的角度将无人机编队及重构问题分解为 4 个子问题，将编队重构问题归纳并划分为 3 种类型。

2.2.1　无人机编队过程分解

无人机编队中，多架无人机按照某一指定队形整体运动。按照过程划分，无人机编队包括编队构成、编队保持和编队重构，如图 2.3 所示。

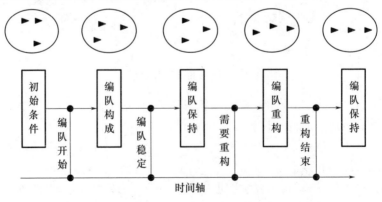

图 2.3　无人机编队过程

1. 编队构成

编队构成指控制所有无人机从编队开始之前的初始状态收敛到期望编队队形的过程。编队构成的最终结果是所有无人机的速度和航向达到一致,实现期望队形编队。当初始时刻无人机之间距离远大于期望编队距离时,编队构成问题也涉及编队集结问题。在编队构成的过程中,要求无人机编队的轨迹足够平滑,每架无人机收敛的过程中不能产生过大的超调或震荡,以保证无人机的飞行安全。此外,编队构成的过程不能太慢,也要满足一定的快速性要求。过慢的收敛过程无法应对编队整体机动的情况。

2. 编队保持

通常所看到的实际无人机编队多指编队保持,编队保持是编队 3 个环节中最简单的一个,即实时控制每架无人机,使整个编队保持固定的队形。直观上,编队保持问题是一个稳态控制问题,但实际的编队保持过程中也涉及编队机动的情况,如长僚机编队中,如何控制僚机跟踪机动的长机以达到保持队形的目的。在理论研究中,人们很自然地将编队构成与编队保持结合在一起进行研究。

3. 编队重构

编队重构指由于无人机任务状态或编队环境改变时,无人机需要改变原有队形以适应新的任务或环境需求。编队重构一般发生在编队保持过程中。无人机编队重构包括无人机在编队飞行过程中需要改变原来编队的所有情况。主要分为当无人机的任务发生变化时的编队重构、当无人机的数量发生变化时的编队重构,以及当无人机编队遇到障碍物时的编队重构。

 2.2.2　无人机编队控制问题分解

编队是一个复杂的协同控制问题,要实现无人机编队要解决多个层次的子问题,如无人机的姿态控制、单架无人机的制导控制、无人机轨迹跟踪、编队控制、编队重构策略。除了这些基本的控制问题,还要解决飞机间的通信问题、无人机的导航定位问题、障碍物的探测问题等。本书主要关注上述的基本控制问题,图 2.4 给出无人机编队控制与重构问题中涉及的各层控制问题及其复杂度关系。

1. 无人机底层控制

无人机的底层控制包括姿态和速度控制。姿态控制指在无人机飞行过程中控制无人机达到并保持相对于某个参考坐标系的指定姿态,包括姿态稳定和姿态机动两个方面。前者为保持已有姿态的过程,后者是把无人机从一种姿态转变为另一种姿态的机动过程。速度控制指控制无人机跟踪并保持期望的飞行速度。可靠的底层控制是无人机完成所有上层任务的最基本要求。要实现多无人机编队飞行,必须保证可靠的无人机底层控制。

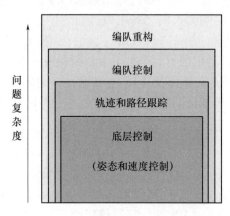

图 2.4　无人机编队控制与重构问题层级关系

2. 轨迹和路径跟踪

轨迹跟踪(trajectory tracking)和路径跟踪(path following)一直是无人机领域研究的热点问题。所谓无人机轨迹(路径)跟踪,是指在无人机姿态控制的基础上,控制无人机稳定且无偏差地沿着已规划轨迹(路径)飞行。一些无人机协同的分层控制架构中,将编队控制分解为多无人机轨迹规划和轨迹跟踪两层子问题,此时轨迹跟踪是编队控制的基础能力。即使在不分层编队控制方法中,轨迹(路径)跟踪对于整个编队(如长机)的位置控制也非常重要。因此,无人机编队要完成指定任务,轨迹(路径)跟踪是一个必须要解决的子问题。

轨迹跟踪问题与路径跟踪问题最大的不同体现在对期望参考路径的描述上。轨迹跟踪问题中参考路径是时间参数化的,当前参考点完全由时间确定;而路径跟踪问题中则没有考虑时间因素,当前参考点由无人机的当前状态确定。由此,给出两个问题的定义。

轨迹跟踪问题:设参考轨迹 $S_r(t) = (x_r(t), y_r(t), \psi_r(t))$ 由动态轨迹平滑器[式(2.16)–式(2.17)]生成。轨迹跟踪的目标是设计期望的速度和航向速率指令 (v_{cmd}, ω_{cmd}),使得闭环系统的所有信号有界,且闭环系统的跟踪误差 $\| S(t) - S_r(t) \|$ 尽可能小。

路径跟踪问题:设参考路径 $S_r(\gamma)$ 由 $S_r(t)$ 通过连续函数 $\gamma = \gamma(t)$ 重新参数化得到。路径跟踪的目标是通过设计期望的速度和航向速率指令 (v_{cmd}, ω_{cmd}),使得闭环系统的所有信号有界,且闭环系统的跟踪误差 $\| S(t) - S_r(\gamma) \|$ 和速度误差 $|v(t) - v_r(\gamma)|$ 尽可能小。

3. 无人机编队控制

各种形式的编队任务中,编队飞行控制是无人机实现编队最基本的要求,因此可靠的编队飞行控制技术将支撑无人机群完成各种编队任务。如前所述,编队控制包括编队构成、编队保持和编队重构要想编队同时获得可靠的编队重构能力,要求设计的编队控制方法具有足够的灵活性和可扩展性,并能满足实际应用中的实时性要求。

 ## 2.2.3　无人机编队重构问题类型划分

编队重构能力对无人机编队的安全及完成任务的能力至关重要。无人机编队重构包括无人机在编队飞行过程中需要改变原来编队的所有情况。主要分为当无人机的任务发生变化时的编队重构、当无人机的数量发生变化时的编队重构,以及当无人机编队遇到障碍物时的编队重构。

1. 编队任务发生变化

编队过程中,当无人机的任务发生变化时,需要对编队进行调整。多数情况下需要改变原来的编队队形以适应新的任务。例如,对于多架巡航编队的无人机,编队的目的或任务是降低燃油消耗,其任务是以最小的能源消耗到达任务区域;当巡航编队到达任务区域时,其目的就是完成指定任务,此时需要将巡航编队变换为指定任务编队。因此,可以将任务发生变化引起的编队重构简化为一个指定的队形变换问题。

2. 无人机数量发生变化

当编队中无人机的数量发生变化时,需要改变原来的队形以适应无人机数量的变化。数量的变化包括两种情况:一种是数量减少;另一种是数量增加。例如,多架无人机编队覆盖轰炸一个区域时,当一架无人机损毁之后,要最大限度地覆盖目标区域就需要对无人机编队的队形进行重构,即要求无人机编队具有一定的抗毁性。另一方面,当无人机编队中增加新的无人机时,同样需要进行队形重构,即要求编队控制方法具有一定的可扩展性。

3. 编队环境发生变化

有些情况下当无人机编队的环境发生变化时,无人机编队也需要进行编队重构。环境的变化主要包括影响编队安全或者影响通信质量的一些改变。例如,当探测到环境中出现障碍物时,无人机编队需要实时改变队形以避免与障碍物发生碰撞。当无人机编队通过障碍物区域时,编队又要恢复到原来的任务编队。在上述避障重构的过程中,也要避免无人机之间发生碰撞。又如,当编队环境受到电磁干扰或者能见度降低影响无人机之间的相互探测时,无人机编队可能需要适当收缩,以保证通信拓扑或者相互观测关系保持不变。

2.3　无人机编队控制与重构问题分层解决方案

根据本章对问题的分析,给出一种编队控制与重构问题的分层解决方案,如图 2.5 所示。首先根据无人机的全状态非线性模型设计底层控制器。在此基础上,考虑简化的运动学模型设计 Leader 的轨迹和路径跟踪引导律,考虑双积分模型设计液体球启发的编队控制器。最后,再根据编队控制方法设计编队重构策略。

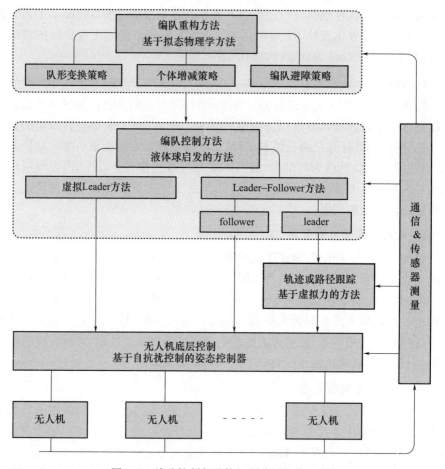

图 2.5　编队控制与重构问题分层解决方案

2.3.1　基于自抗扰控制的无人机底层控制

考虑无人机模型的不确定性,利用韩京清提出的自抗扰控制(active disturbance rejection control,ADRC)设计无人机姿态和速度控制器。自抗扰控制通过设计扩张状态观测器,对不确定性和干扰等未建模因素进行在线估计,并通过非线性反馈环节对系统进行补偿。从而对实际问题中模型的不确定性、外部干扰及模型的非线性等问题具有较好的控制效果。

2.3.2　基于虚拟力的长机轨迹跟踪引导律

Leader – Follower 编队模式下,Leader 担负着整个编队的导航任务,需要单独设计控制器实现 Leader 的轨迹和路径跟踪。此时 Leader 的控制实际上独立于编队控制器,因此也需要单独考虑轨迹和路径跟踪过程中的障碍规避问题。本书采用拟态物理学的思想,设计一种基于虚拟力的无人机轨迹和路径跟踪引导律。通过设计虚拟力实现 Leader 对期望轨迹的精确跟踪,此外,通过设计额外的排斥力,可以实现轨迹跟踪过程中避开障碍。

2.3.3　液体球启发的编队控制

设计液体球启发的编队控制器。通过设计虚拟角度弹簧和虚拟弹簧描述液体球的表面张力和内部分子力,将整个编队建模成一个类似于液体球的虚拟弹簧网络,从而设计一种液体球启发的拟态物理学编队控制方法,并根据有无长机的情况,分别设计液体球启发的 Leader – Follower 编队控制方法和虚拟 Leader 编队控制方法。直接利用液体球启发的编队控制器可以自然形成圆形编队,通过参数设计可以实现任意可行队形编队。

2.3.4　基于拟态物理学的编队重构策略

设计基于拟态物理学的编队重构策略。在分析液体球启发的编队控制方法的可扩展性和灵活性的基础上,设计多种编队重构策略。通过局部通信重构,即可实现像液体自然融合和拆分一样增减编队中无人机的数量。通过设计虚拟排斥力,实现编队避障,使整个编队像液体流过或挤过障碍物一样避开障碍。

此外,通过在线改变分散控制器参数可以实现无碰撞的编队队形变换。这3 种策略可分别应用于因无人机数量发生变化、编队遇到障碍物和任务发生变化时的编队重构问题。

2.4 本章小结

本章首先对无人机编队控制与重构问题进行了分析建模，并从过程时间和控制层次的角度分别对无人机编队控制及重构问题进行了分解。从工程实现的角度将无人机编队及重构问题分解为 4 个子问题：无人机底层控制问题、长机的轨迹跟踪与避障问题、编队控制问题、编队重构问题。此外，将编队重构归纳并划分为 3 种类型，并给出一种基于拟态物理学思想的无人机编队控制与重构问题分层解决方案，包括基于 ADRC 的无人机底层控制、基于虚拟力的轨迹和路径跟踪引导律、液体球启发的编队控制方法和基于拟态物理学的编队重构策略。本章给出的分层解决方案及方法点明了后续章节的主要内容。

第3章 基于自抗扰控制的无人机底层控制

针对小型固定翼无人机的模型不确定性，设计鲁棒的底层控制器。在实际工程中，很难获得小型无人机的精确数学模型，尤其是低成本小型无人机，由于材料及成本的限制，模型很容易在应用过程中发生改变。因此，实用的飞行控制系统应该具有足够的鲁棒性适应控制对象模型的改变。本章利用韩京清提出的自抗扰控制，设计无人机姿态和速度控制器。自抗扰控制通过设计扩张状态观测器，对不确定性和干扰等未建模因素进行在线估计，并通过非线性反馈环节对系统进行补偿，从而对实际问题中模型的不确定性、外部干扰以及模型的非线性等问题具有较好的控制效果。因此，基于自抗扰控制的姿态控制能够将较好地处理无人机非线性和模型不确定的问题。

3.1 小型无人机的底层控制问题

对于大量廉价的小型无人机，很难通过风洞实验获得其精确的动力学模型。另一方面，由于制造成本和材料重量的限制，小型无人机材料一般选用性价比较高的航空轻木或轻质的复合材料，其结构很容易在使用过程中发生变化。对于试验用的小型无人机，也经常根据不同的科研目的，更换一些机载任务设备。这些因素都导致小型无人机的动力学模型是不精确的，而且可能在使用的过程中发生很大的偏离。动力学模型的不确定以及可能的大幅偏离都要求小型无人机的姿态控制律具有很强的鲁棒性。传统的 PID 控制器对模型的不确定性虽具有一定的鲁棒性，但它要求对 PID 参数进行在线调整[135]。而现代控制理论又以被控对象数学模型为基础，这就限制了现代控制理论的应用。韩京清提出的自抗扰控制（active disturbance rejection control，ADRC）是在非线性 PID 控制律的基础上发展起来的一种新型非线性控制算法，它不依赖于被控对象的精确数学模型[136-137]。

文献[138]首次将 ADRC 引入飞机俯仰控制回路，仿真实现了对某三代机的大包线范围的俯仰姿态控制，文献[139]将 ADRC 引入无人机速度控制回路，实现了俯仰控制与速度控制的解耦，仿真满足大包线范围的控制需求。文献[138-139]的工作中，没有考虑无人机动力学模型本身的不确定性及大幅的偏离，都是在有人机或无人机动力学模型参数不变的情况下验证 ADRC 在飞机大包线范围的控制效果。文献[140]在文献[138－139]研究成果的基础上,考虑小型无人机动力学模型不确定且可能发生较大偏离的特点,结合 ADRC 能够实时估计对象的模型扰动并进行补偿的能力,设计小型无人机的自抗扰纵向控制律。利用 ADRC 对被控对象模型鲁棒性强的特点抑制小型无人机因动力学模型不确定或使用过程中大幅偏离而引起控制性能下降问题。

3.2 自抗扰控制方法简介

简要介绍一下自抗扰控制的基本原理,以便于无人机底层控制器的分析设计。自抗扰控制是一种源于仿真试验的数字控制方法。自抗扰控制充分利用现代控制理论中的状态观测器,并借助非线性反馈实现对实际系统扰动和不确定性的抑制。对于一个单输入单输出系统,自抗扰控制的拓扑结构如图3.1所示。

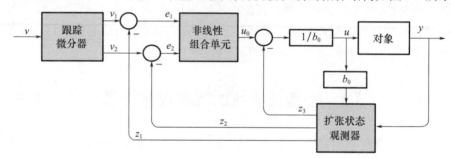

图3.1 自抗扰控制的拓扑结构

▶ 3.2.1 跟踪微分器

跟踪微分器对输入的被跟踪信号进行处理,避免实际的被跟踪信号微分无穷的情况,从而给控制器参数的设计留下更多空间。对于单输入单输出系统,跟踪微分器由式(3.1)给出。

$$\begin{cases} v_1(k+1) = v_1(k) + T v_2(k) \\ v_2(k+1) = v_2(k) + T\text{fhan}(v_1 - v, v_2, r, h) \end{cases} \tag{3.1}$$

式中:T 为采样时间;r 和 h 为可调整的滤波参数;v 为希望 y 跟踪的实际输入信号;v_1 为经过跟踪微分器处理后的被跟踪信号;v_2 为 v_1 的微分。函数 fhan( )的定义可以参考文献[137]。考虑 v 为单位阶跃信号,图3.2给出了取 $T = 0.02$,$r = 1$,$h = 0.02$ 时的仿真结果。

对比图3.2中的 v 和 v_1 可知,跟踪微分器使得输入信号变得更加平滑。控制系统中用 v_1 代替实际信号 v,可以有效抑制系统的超调。实际应用时,信号 v_1 的过渡时间可以通过参数 r 和 h 进行调节。

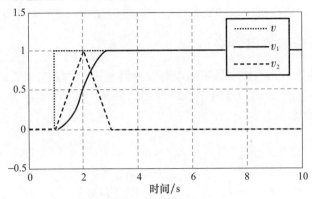

图 3.2　单位阶跃通过跟踪微分器的仿真结果

▶ 3.2.2　扩张状态观测器

自抗扰控制利用扩张状态观测器对"总扰动"进行估计,"总扰动"包括所有的未建模因素。以二阶单输入单输出系统为例,考虑

$$\begin{cases} \dot{x}_1 = x_2(k) \\ \dot{x}_2 = f(x_1, x_2, w(t), t) + bu \\ y = x_1 \end{cases} \tag{3.2}$$

式中:y 为被测量和控制的系统输出;u 为控制输入;$f(x_1, x_2, w(t), t)$ 包含所有状态、外部扰动和时间的多变量函数。扩张状态观测器的思想是将 $f(x_1, x_2, w(t), t)$ 看作一个扩张的状态变量 x_3,令 $\dot{x}_3 = G(t)$,其中 $G(t)$ 未知。则式(3.2)转化为

$$\begin{cases} \dot{x}_1 = x_2(k) \\ \dot{x}_2 = x_3 + bu \\ \dot{x}_3 = G(t) \\ y = x_1 \end{cases} \tag{3.3}$$

易证明式(3.3)总是能观的。此时可以设计如下形式的扩张状态观测器对式(3.3)进行观测。

$$\begin{cases} e = z_1 - y \\ fe = \text{fal}(e, 0.5, \delta), fe_1 = \text{fal}(e, 0.25, \delta) \\ z_1 = z_1 + Tz_2 - \beta_{01}e \\ z_2 = z_2 + T(z_3 + bu) - \beta_{02}fe \\ z_3 = z_3 - \beta_{03}fe_1 \end{cases} \tag{3.4}$$

关于参数 δ、β_{01}、β_{02} 和 β_{03} 的选择技巧可以参考文献[137]。估计得到的总扰动 $z_3 = f(x_1, x_2, w(t), t)$ 可以用于对系统的不确定性和扰动进行补偿。

▶▶ 3.2.3 非线性组合单元

非线性组合单元的作用是根据跟踪微分器和扩张状态观测器的输出计算控制量。在自抗扰控制的框架中,非线性组合单元可以有多种样式,此处选用式(3.5)给出的非线性组合。

$$\mathrm{fal}(e, \alpha, \delta) = \begin{cases} \dfrac{e}{\delta^{1-\alpha}} & |x| \leq \delta \\ |\alpha|^{\alpha}\mathrm{sign}(e) & |x| > \delta \end{cases} \tag{3.5}$$

3.3 基于自抗扰控制的姿态和速度控制器

利用自抗扰控制,纵向分别设计无人机俯仰角和速度控制器,横侧向设计无人机的滚转角控制器。

▶▶ 3.3.1 纵向运动方程分析及简化

考虑第2章给出的纵向解耦动力学模型

$$\begin{cases} \dot{\alpha} = \dfrac{1}{mV_T}\left[\dfrac{\rho V^2 S}{2}(C_{Z1} + C_{Z\alpha}\alpha) - F_T\sin\alpha + mg\right] + q \\ \dot{V}_T = \dfrac{1}{m}\left[\dfrac{\rho V^2 S}{2}(C_{X1} + C_{X\alpha}\alpha + C_{X\alpha2}\alpha^2) + F_T\cos\alpha\right] \\ \dot{q} = \dfrac{1}{I_{yy}}[M^b - (I_{xx} - I_{zz})pr - I_{zz}(p^2 - r^2)] \\ \dot{\theta} = q \end{cases} \tag{3.6}$$

对低成本的小型无人机,通常没有攻角传感器,可以通过控制俯仰角和俯仰角速率间接控制攻角。为了应用自抗扰控制,将纵向解耦动力学模型[式(3.6)]进一步近似解耦为速度动态[式(3.7)]和俯仰角动态[式(3.8)],从而得到两个单输入单输出子系统。

$$\dot{V}_T = \dfrac{1}{m}\left[\dfrac{\rho V^2 S}{2}(C_{X1} + C_{X\alpha}\alpha + C_{X\alpha2}\alpha^2) + F_T\cos\alpha\right] \tag{3.7}$$

$$\begin{cases} \dot{\theta} = q \\ \dot{q} = \dfrac{1}{I_{yy}}[M^b - (I_{xx} - I_{zz})pr - I_{zz}(p^2 - r^2)] \\ M^b = \bar{q}S\bar{c}(C_{M1} + C_{Me}\delta_e + C_{M\alpha}\alpha + C_{M\dot{q}}\tilde{q}) \end{cases} \tag{3.8}$$

为设计自抗扰控制器,式(3.7)可以转化为积分表达形式:

$$
\begin{cases}
\dot{V}_T = f_v + u \\
f_v = \dfrac{\rho V^2 S}{2m}(C_{X1} + C_{X\alpha}\alpha + C_{X\alpha2}\alpha^2) \\
u = \dfrac{\cos\alpha}{m}F_T
\end{cases}
\tag{3.9}
$$

由于攻角 α 一般很小,令 $u = \dfrac{1}{m}F_T$,将 $\dfrac{\cos\alpha - 1}{m}F_T$ 放在总扰动中,则有 $f_v = \dfrac{\rho V^2 S}{2m}$ $(C_{X1} + C_{X\alpha}\alpha + C_{X\alpha2}\alpha^2) + \dfrac{\cos\alpha - 1}{m}F_T$,从而得到

$$
\begin{cases}
\dot{V}_T = f_v + u \\
y = V_t
\end{cases}
\tag{3.10}
$$

类似地,俯仰角动态也可以转化为二阶积分的形式:

$$
\begin{cases}
\dot{\theta} = q \\
\dot{q} = f_\theta + u \\
y = \theta
\end{cases}
\tag{3.11}
$$

式中: $f_\theta = \dfrac{\bar{q}S\bar{c}}{I_{yy}}(C_{M1} + C_{M\alpha}\alpha + C_{M\hat{q}}\tilde{q}) + \dfrac{(\bar{q} - \bar{q}_0)S\bar{c}}{I_{yy}}C_{Me}\delta_e$ 是总扰动; $u = \dfrac{\bar{q}_0 S\bar{c}}{I_{yy}}C_{Me}\delta_e$ 为控制输入。

▶ 3.3.2　横侧向运动方程分析及简化

横侧向控制的目的是跟踪期望的滚转角,考虑第 2 章给出的横侧向解耦动力学模型

$$
\begin{cases}
\dot{\beta} = -r^w + \dfrac{Y^w - F_T\cos\alpha\cos\beta + mg_y^w}{mV_T} \\
\dot{\phi} = p + q\sin\alpha\tan\theta + r\cos\phi\tan\theta \\
\dot{p} = I_{(1,1)}^{-1}(L^b - T_p^b) + I_{(1,3)}^{-1}(N^b - T_r^b) \\
\dot{r} = I_{(3,1)}^{-1}(L^b - T_p^b) + I_{(3,3)}^{-1}(N^b - T_r^b)
\end{cases}
\tag{3.12}
$$

若只考虑滚转角和滚转角速率,同时假设方向舵偏角始终为 0,并且攻角 α 和侧滑角 β 都很小。此时,横侧向解耦动力学模型可以进一步简化为

$$
\begin{cases}
\dot{\phi} = p \\
\dot{p} = f_\phi + u \\
y = \phi
\end{cases}
\tag{3.13}
$$

其中

$$\begin{cases} u = L_0^b = \overline{q_0} S b C_{La} \delta_a \\ f_\phi = I_{(1,1)}^{-1} (L^b - L_0^b - T_p^b) + I_{(1,3)}^{-1} (N^b - T_r^b) \end{cases} \tag{3.14}$$

从而将式(3.12)近似为一个单输入单输出二阶系统[式(3.13)],由此引起的误差可以作为总扰动的一部分在扩张状态观测器中进行整体估计,并在非线性组合单元中进行补偿。

▶ 3.3.3 速度和姿态控制器设计

在上述模型分析与简化的基础上,利用式(3.1)~式(3.4)的自抗扰控制方法,就可以设计基于自抗扰控制的无人机姿态和速度控制器。由式(3.11)和式(3.13)可知,俯仰角和滚转角动态都近似为二阶单输入单输出系统,因此设计的俯仰角控制器和滚转角控制器具有同样的形式,由式(3.15)给出。速度动态近似为一阶单输入单输出系统,设计的速度控制器由式(3.16)给出。

$$\begin{cases} v_1(k+1) = v_1(k) + T v_2(k) \\ v_2(k+1) = v_2(k) + T fhan(v_1 - v, v_2, r, h) \\ e = z_1 - y \\ fe = fal(e, 0.5, \delta), fe_1 = fal(e, 0.25, \delta) \\ z_1 = z_1 + T z_2 - \beta_{01} e \\ z_2 = z_2 + T(z_3 + bu) - \beta_{02} fe \\ z_3 = z_3 - \beta_{03} fe_1 \\ e_1 = v_1 - z_1, e_2 = v_2 - z_2 \\ u = \dfrac{k_1 fal(e_1, \alpha_1, \delta_1) + k_2 fal(e_2, \alpha_2, \delta_2) - z_3}{b_0} \end{cases} \tag{3.15}$$

$$\begin{cases} v_1(k+1) = v_1(k) + T v_2(k) \\ v_2(k+1) = v_2(k) + T fhan(v_1 - v, v_2, r, h) \\ e = z_1 - y, fe = fal(e, 0.5, \delta) \\ z_1 = z_1 + T(z_2 + bu) - \beta_{01} e \\ z_2 = z_2 - \beta_{02} fe \\ e_1 = v_1 - z_1 \\ u = \dfrac{k_1 fal(e_1, \alpha_1, \delta_1) - z_2}{b_0} \end{cases} \tag{3.16}$$

值得指出的是,上述自抗扰控制器是误差驱动的控制器。尽管在设计的过程中给出了模型的简化和分析,但是最终得到的控制器并不严格依赖控制对象的数学模型,如俯仰角和滚转角控制器具有相同的形式,只是部分参数选择有所区别。

3.4　控制器鲁棒性测试

为验证基于自抗扰控制的姿态控制器针对模型不确定的鲁棒性,在 MATLAB/Simulink 环境中利用 AeroSim 仿真工具包进行测试。仿真过程中,选用 6 自由度非线性 Aerosonde 无人机模型。通过改变无人机模型参数测试控制器的鲁棒性。整个仿真中控制器参数保持不变,由式(3.17)给出。

$$
\text{Pitch:}\begin{cases}
T=0.02, & r=200, & h=0.05 \\
\delta=0.5, & b_0=20 \\
\beta_{01}=1, & \beta_{02}=20, & \beta_{03}=1000 \\
k_1=0.3, & \alpha_1=0.3, & \delta_1=0.001 \\
k_2=0.02, & \alpha_2=0.2, & \delta_2=0.001
\end{cases}
$$

$$
\text{Roll:}\begin{cases}
T=0.02, & r=200, & h=0.05 \\
\delta=0.5, & b_0=20 \\
\beta_{01}=1, & \beta_{02}=20, & \beta_{03}=1000 \\
k_1=0.9, & \alpha_1=0.48, & \delta_1=0.1 \\
k_2=0.2, & \alpha_2=0.3, & \delta_2=0.1
\end{cases} \quad (3.17)
$$

$$
\text{Speed:}\begin{cases}
T=0.02, & r=200, & h=0.5 \\
\delta-0.8, & b_0=5 \\
\beta_{01}=1, & \beta_{02}=100 \\
k_1=15, & \alpha_1=0.1, & \delta_1=0.1
\end{cases}
$$

考虑的纵向模型不确定性参数为 4 个俯仰力矩系数 C_{M1}、C_{Me}、$C_{M\hat{q}}$ 和 $C_{M\alpha}$,模型不确定度由表 3.1 给出。用阶跃响应测试控制器对上述模型不确定的鲁棒性。测试俯仰角控制器时,期望滚转角设置为 0,速度设置为 26m/s。

表 3.1　纵向模型的不确定度

参数	标准值	不确定度
C_{M1}	0.135	±10%
C_{Me}	−0.9918	±20%
$C_{M\hat{q}}$	−38.2067	±20%
$C_{M\alpha}$	−2.7397	±20%

仿真结果如图 3.3 所示。从图 3.3(a)中可以看出,即使参数 C_{M1} 发生 ±10% 的变化,俯仰角仍能快速无超调地跟踪期望的角度,系统的阶跃响应几乎看不出差别。分别从图 3.3(b)、图 3.3(c)和图 3.3(d)可以看出,即使参数 C_{Me}、C_{Mq} 或 $C_{M\alpha}$ 发生 ±20% 的变化,俯仰角仍能快速无超调地跟踪期望的角度,且响应曲线区别不大。这些结果表明,基于自抗扰控制的俯仰角控制器具有较好的鲁棒性,能够应对表 3.1 给出的纵向模型不确定的问题。

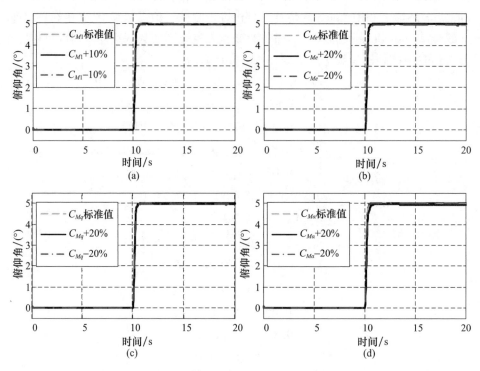

图 3.3　纵向模型不确定性仿真结果

考虑的横侧向模型不确定性参数为滚装力矩系数 C_{La},侧滑角系数 $C_{l\beta}$。不确定度由表 3.2 给出。用阶跃响应测试控制器对横侧向模型不确定的鲁棒性。测试滚转角控制器时,期望俯仰角设置为 0,速度设置为 26m/s。仿真结果如图 3.4所示。从图 3.4(a)中可以看出,当 C_{La} 变小 10% 时,跟踪收敛过程中会产生轻微震荡。但总体上,基于自抗扰控制的滚转角控制器能够满足 C_{La} 变化 ±10% 时的鲁棒性。图 3.4(b)给出参数 $C_{l\beta}$ 变化 ±30% 的仿真结果。可以看出,控制器能够保持对滚转角的无超调快速跟踪。结果表明,基于自抗扰控制的滚转角控制器具有较好的鲁棒性,能够应对表 3.2 给出的横侧向模型不确定的问题。

表 3.2　横侧向模型不确定度

参数	标准值	不确定度
$C_{L\alpha}$	-0.1695	$\pm 10\%$
$C_{L\beta}$	-0.13	$\pm 30\%$

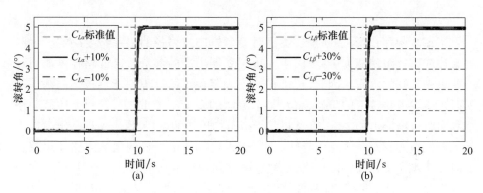

图 3.4　横侧向模型不确定性仿真结果

3.5　本章小结

本章针对小型无人机的动力学模型不确定且容易在使用过程中发生大幅偏离的问题,给出了基于 ADRC 的固定翼无人机姿态和速度控制器设计过程。利用 MATLAB/Simulink 对控制器进行了仿真验证,定量分析了当无人机的非线性动力学模型参数发生显著变化时底层控制器的姿态控制性能,结果表明基于 ADRC 的底层控制器能够在无人机模型参数发生大幅变化时控制无人机跟踪动作指令。基于该控制器,后续章节将考虑更加简化的无人机运动学模型给出上层的引导和控制方法。

第4章　基于虚拟力的无人机轨迹和路径跟踪

当编队中存在长机的时候,长机对参考轨迹或路径的跟踪精度决定了编队的轨迹或路径跟踪能力。此外,由上层规划器生成的参考轨迹或路径可能通过一些事先未知的障碍。因此,长机在轨迹或路径跟踪过程中能够根据局部观测实时规避参考轨迹上的障碍,将对整个编队的安全至关重要。针对上述精确跟踪和实时避障能力的需求,本章将基于拟态物理学的思想,提出一种基于虚拟力的无人机轨迹和路径跟踪引导律,用于无人机编队中长机的轨迹或路径跟踪及实时障碍规避。首先,针对无人机轨迹跟踪问题给出基于虚拟力的引导律,并分别分析跟踪直线、圆和变曲率曲线时的稳定性和收敛性。然后,通过重新定义参考点,将引导律用于路径跟踪问题。最后,通过设计额外的排斥力,处理轨迹跟踪过程中的障碍规避问题。

4.1　无人机轨迹和路径跟踪及障碍规避方法综述

不仅对编队中的长机,轨迹或路径跟踪是所有投入应用的无人机必须具备的基本能力。一般情况下,无人机的参考路径由路径规划算法给出,多数情况下参考路径是一条曲线[141]。这就要求无人机能够精确跟踪参考曲线。此外,障碍规避也是无人机在轨迹或路径跟踪中不得不考虑的问题。尽管我们可以通过路径规划避开事先已知的障碍[142-143],但是在未知的复杂环境中,随时有可能探测到新的障碍[144-145]。这就要求无人机在轨迹或路径跟踪的过程中能够规避实时发现的障碍,并且在绕过障碍之后能够回到参考轨迹或路径上。关于无人机的路径跟踪和障碍规避,目前已有很多研究成果,下面对相关文献进行简单的综述。

▶▶ 4.1.1　路径和轨迹跟踪

现有文献已提出多种路径跟踪方法,其中主要包括两大类:基于控制理论的方法和基于几何运算的方法。目前已有多种控制理论用于无人机轨迹或路径跟踪,其中较为常用的包括 PID 控制[146]、模型预测控制[147-149]、自适应控制[150-152]、滑模控制[153-154]、LQR[155-156] 和迭代学习控制[157] 等。基于控制理论的方法最大的优势是便于对方法的稳定性和收敛性进行分析。相对于基于几何运算的方法缺点是在实际使用中需要花费较多的调试时间,且一些算法计算量大,对于一些计算能力较弱的平台无法满足实时性要求。

基于几何运算的方法主要用于解决无人机的路径跟踪问题,如追踪法[158]、视线法(line-of-sight,LOS)[159]以及二者的结合[160]。基于追踪法和视线法的路径跟踪方法,需要在参考路径上选择合适的虚拟目标点,然后再控制无人机追逐虚拟目标点,最终实现对期望路径的跟踪。追踪法和视线法可以用于跟踪直线和圆形路径。文献[161]提出一种非线性导航方法(nonlinear guidance law,NLGL)也使用了虚拟目标点的概念,通过设计非线性的侧向加速度,使得无人机逐渐收敛到期望路径。相对于追踪法和视线法,NLGL 方法可以用于跟踪一般的曲线,但是其最优的参数随着参考路径的曲率发生变化[162],因此,在跟踪变曲率曲线时,NLGL 方法仍会产生较大的跟踪误差[163]。此外,基于向量场(vector field,VF)的方法[164-165]也属于几何运算的范畴。基于几何运算的方法直接通过几何运算获得期望的航向角或转向速率,通常计算量不大,且在实际工程中易于应用。文献[162]对比了这些方法的直线和圆形路径跟踪性能。对变曲率曲线路径进行精确跟踪仍是目前值得研究的问题。

▶▶ 4.1.2　障碍规避

障碍规避也是无人机控制领域的研究热点。基于预测控制[166]方法可以方便地将障碍物作为约束来进行避障,但这类方法的计算复杂度较大。文献[167]提出一种混合的H_2/H_∞避障方法,这种方法用首尾相连的线段近似连续光滑的曲线。基于势场(potential field,PF)[168-170]和基于虚拟力场(virtual force field,VFF)[165,171]的方法通过设计航向向量场的方式实现避障。PF 方法利用势场流向产生速度向量,产生的速度向量引导无人机;VFF 方法利用人工吸引力和排斥力、引力将无人机拉向目标点,排斥力使得无人机绕开障碍[172]。由于在绕过障碍之后无人机直接飞向目标点而不是返回到参考路径,上述 PF 法和 VFF 法都不能处理路径跟踪过程中的障碍规避问题。

另一个障碍规避的思路是实时的路径重规划[142,173-174]。与上面的 PF 法和VFF 法相比,实时重规划需要更多的计算时间,这种思路适用于低动态或可以静止等待的平台,如地面车辆和四旋翼。不适于快速飞行的固定翼无人机。另外,这种“重规划-跟踪”的障碍归避性能仍依赖于所采用的路径跟踪方法。文献[175]设计了一种梯度向量场(gadient vector field,GVF)的路径跟踪和圆形障碍规避方法,这种方法不用对参考路径进行重规划,但需要已知障碍物的圆心位置和半径大小。文献[176]设计了一种基于神经网络的路径跟踪和障碍规避方法。这种方法可以直接利用传感器的输入作为输入,不需要对障碍物的具体位置和大小进行估计,但其缺点是在应用之前需要对样本进行训练,这限制其在动态未知环境中的应用。此外,文献[177]对未知环境中的障碍规避方法进行了很好的综述。

4.2 基于虚拟力的轨迹跟踪引导律

若已设计无人机底层控制器,能够实时跟踪期望的转向速率和期望速度,且无人机在轨迹跟踪过程中保持固定高度,则可以使用第 2 章给出的无人机简化运动学模型。针对无人机轨迹跟踪问题,设计 3 个虚拟力控制无人机的运动,分别是虚拟向心力F_c、虚拟弹簧力F_t和虚拟阻力F_d,如图 4.1 所示。F_c指向参考中心 $O = (x_o, y_o)$,O 由参考点P_r的信息和参考半径 $r = \left| \dfrac{v_r}{w_r} \right|$ 按照式(4.1)确定。

$$\begin{cases} x_o = x_r + r\cos\left(\psi_r + \mathrm{sgn}_+(\omega_r)\dfrac{\pi}{2}\right) \\ y_o = y_r + r\sin\left(\psi_r + \mathrm{sgn}_+(\omega_r)\dfrac{\pi}{2}\right) \end{cases} \tag{4.1}$$

其中,$\mathrm{sgn}_+()$的表达式如下。

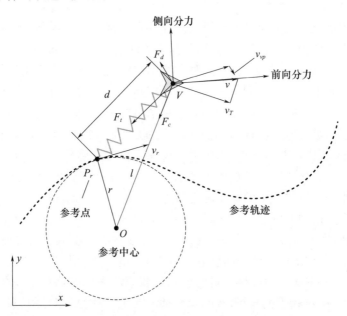

图 4.1　基于虚拟力的引导律原理示意图

$$\text{sgn}_+(x) = \begin{cases} 1, & x \geq 0 \\ -1, & x < 0 \end{cases} \tag{4.2}$$

虚拟弹簧力 F_t 指向参考点 P_r，虚拟阻力 F_d 的方向与无人机相对于参考点 P_r 的速度方向相反。考虑无人机具有单位质量，即 $m=1$，此时各个虚拟力的大小由式（4.3）给出。

$$\begin{cases} F_t = kd \\ F_d = cv_{vp} \\ F_c = \dfrac{v_T^2}{l} \end{cases} \tag{4.3}$$

其中，$k>0$ 为虚拟弹簧的弹性系数；d 为无人机到参考点的距离；$c>0$ 为虚拟阻力系数；v_{vp} 为无人机相对于参考点 P_r 的速度；v_T 为无人机的速度沿着无人机与参考中心连线 OV 的法线方向分量；l 为无人机与参考中心 O 之间的距离。在这些变量中，只有 k 和 c 是控制参数，其余的变量都可以根据参考点信息和无人机的状态计算得到。

分别将 3 个虚拟力沿着无人机的前向和侧向进行分解，然后将两个方向的分力分别相加即可得到两个方向上的合力 F_f 和 F_l，如式（4.4）所示。

$$\begin{aligned} F_f &= F_{tf} + F_{df} + F_{cf} \\ F_l &= F_{tl} + F_{dl} + F_{cl} \end{aligned} \tag{4.4}$$

式中：f 和 l 分别为虚拟力沿无人机前向和侧向的分力。此时，即可得到基于虚拟力的无人机轨迹跟踪的引导律，如式（4.5）所示。

$$\begin{cases} v_{\text{cmd}} = v + \Delta T F_f \\ \omega_{\text{cmd}} = \dfrac{F_l}{v} \end{cases} \tag{4.5}$$

其中，ΔT 为实现过程中的离散时间步长。

如果考虑输入约束，上述期望的速度指令和航向速率指令应满足式（4.6）给出的约束条件。

$$\begin{cases} v_{\text{cmd}} = \text{sat}(v_{\text{cmd}}) \\ \omega_{\text{cmd}} = \text{sat}(\omega_{\text{cmd}}) \end{cases} \tag{4.6}$$

其中，$\text{sat}()$ 为饱和函数。

$$\text{sat}(x) = \begin{cases} x_{\max} & x \in (x_{\max}, +\infty) \\ x & x \in [x_{\min}, x_{\max}] \\ x_{\min} & x \in (-\infty, x_{\min}) \end{cases} \tag{4.7}$$

下面将分别给出基于虚拟力的引导律在跟踪直线、圆和变曲率曲线时的稳定性和收敛性分析，在算例验证中考虑输入约束对方法的影响。

4.3 稳定性及收敛性分析

▶ 4.3.1 直线跟踪

当无人机跟踪直线时,有$\omega_r = 0$,此时参考半径$r = \infty$。若跟踪误差d有界,由$|l| > |r| - |d|$可知$|l| = \infty$,由式(4.3)可知$F_c = 0$。因此,在跟踪直线轨迹时,无人机的速度指令和航向速率指令只由虚拟弹簧力F_t和虚拟阻力F_d决定,如图4.2所示。

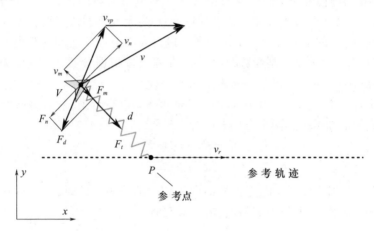

图 4.2　基于虚拟力的引导律跟踪直线的示意图

将虚拟阻力F_d和无人机相对于参考点的速度v_{vp}沿着VP及其法线N方向分解。进一步分析无人机在这两个方向上的动态。

在法线方向,无人机具有初始速度$v_n(0) = v_{n0}$,同时虚拟阻力沿该方向的分量$F_n = cv_n$是无人机受到的唯一作用力。该作用力的方向始终与速度分量v_n的方向相反。则无人机沿法线N方向的速度最终收敛到0,解式(4.8)的微分方程

$$\begin{cases} \dot{v}_n(t) = -c\,v_n(t) \\ v_n(0) = v_{n0} \end{cases} \tag{4.8}$$

可得

$$v_n(t) = v_{n0}e^{-ct} \tag{4.9}$$

因此,对于满足$c > 0$的虚拟阻力系数,v_n将指数收敛到0。

VP方向上,无人机的动态可以由式(4.10)给出。

$$\ddot{d} = -kd - c\dot{d} \tag{4.10}$$

令 $X = [x_1, x_2]' = [d, \dot{d}]'$，可以将微分方程式（4.10）转化为状态空间方程式（4.11）。

$$\dot{X} = AX$$
$$A = \begin{bmatrix} 0 & 1 \\ -k & -c \end{bmatrix} \tag{4.11}$$

令 $\dot{X} = 0$，即可求得上述系统具有唯一的平衡点 $\hat{d} = \hat{x}_1 = 0, \dot{\hat{d}} = \hat{x}_2 = 0$。
式（4.11）的特征方程由式（4.12）给出。

$$\det(\lambda I - A) = \lambda^2 + c\lambda + k = 0 \tag{4.12}$$

则系统的特征根为

$$\lambda = \frac{-c \pm \sqrt{c^2 - 4k}}{2} \tag{4.13}$$

可以看出，对于任意满足 $k > 0$ 和 $c > 0$ 虚拟弹性系数 k 和虚拟阻力系数 c，总会有 $\mathrm{real}(\lambda) < 0$，即有 VP 方向动态得出的状态空间方程式（4.11）是渐进稳定的。因此，在不考虑输入约束的情况下，使用基于虚拟力的引导律［式（4.5）］，跟踪误差将渐进收敛到 0。

> **注释 4.3.1：**
>
> 　在不考虑输入约束的情况下，如果虚拟弹性系数和虚拟阻力系数满足关系 $c \geqslant 2\sqrt{k}$ 和 $k > 0$，那么跟踪误差 d 将无超调地收敛到 0。

由系统的特征根（4.13）可知，如果虚拟弹性系数和虚拟阻力系数满足关系 $c > 2\sqrt{k}$，那么式（4.11）是一个二阶过阻尼系统，此时跟踪误差 d 可以无超调收敛到 0，但是收敛速度相对较慢；如果虚拟弹性系数和虚拟阻力系数满足关系 $c < 2\sqrt{k}$，那么式（4.11）是一个二阶欠阻尼系统，此时跟踪误差 d 可以收敛到 0，但是收敛过程存在超调；如果虚拟弹性系数和虚拟阻力系数满足 $c = 2\sqrt{k}$，那么式（4.11）是一个二阶临界阻尼系统，此时跟踪误差 d 可以无超调收敛到 0，且收敛速度比过阻尼时快。

可以看出，当不考虑输入约束时，基于虚拟力的引导律等价于比例 – 微分控制方法，其中 $e = d$ 和 $\dot{e} = -\dot{d}$ 分别为误差和误差微分，$K_p = k$ 和 $K_D = c$ 分别为比例系数和微分系数。注释 4.3.1 中的关系 $c = 2\sqrt{k}$ 则是不考虑输入约束时的参数整定结果。

▶ 4.3.2 圆形轨迹跟踪

当无人机跟踪圆形轨迹时,有 $r = \left| \dfrac{v_r}{\omega_r} \right| = \text{const}$,即参考轨迹的参考半径为常数。此时,如果不考虑虚拟向心,即 $F_c = 0$,那么当虚拟弹簧力足够大时,虚拟弹簧力 F_t 和虚拟阻力 F_d 仍能引导无人机跟踪参考点,但此时会有静态的跟踪误差 d_s,图 4.3(a)给出了通过分析得到的 $F_c = 0$、$c > 0$ 时的稳态结果。

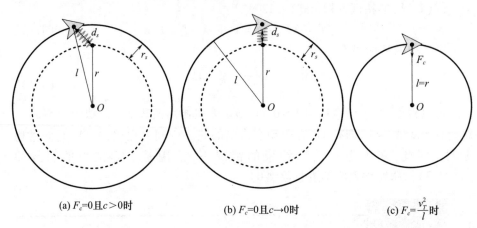

(a) $F_c = 0$ 且 $c > 0$ 时   (b) $F_c = 0$ 且 $c \to 0$ 时   (c) $F_c = \dfrac{v_T^2}{l}$ 时

图 4.3　基于虚拟力的引导律跟踪圆形轨迹时的稳定状态

通过受力分析,可知有关系 $d_s \geqslant r_s \geqslant 0$,且当虚拟阻力系数 $c > 0$ 足够小并趋于 0 时,会有 $d_s \to r_s$。此时,求解下面的力学平衡方程

$$kr_s = \frac{v_T^2}{l} = l\omega_r^2 = (r + r_s)\omega_r^2 \tag{4.14}$$

可以得到

$$r_s = \frac{r\,\omega_r^2}{k - \omega_r^2} \tag{4.15}$$

由于 $d_s > 0$,这就要求虚拟弹性系数满足

$$k > \omega_r^2 \tag{4.16}$$

由式(4.15)可知,当 $k \to \infty$ 时,有 $r_s \to 0$。然而,在实际中虚拟弹性系数 k 从一定程度上反映了无人机的机动性,即 k 是有界的。因此在不设计虚拟向心力的情况下,始终存在大于 0 的跟踪误差,图 4.3(b)给出上述分析得到的 $F_c = 0$、$c \to 0$ 时的稳态结果。

通过设计虚拟向心力 $F_c = \dfrac{v_T^2}{l}$,能够始终为无人机提供围绕参考中心以 l 为半径盘旋的向心力。此时,虚拟弹簧力将迫使无人机收敛到参考轨迹,同时虚拟阻力防止收敛过程中发生震荡。当无人机收敛到参考轨迹之后,由于 $d = 0$ 和 $v_{vp} = 0$,有 $F_t = F_d = 0$。此时在虚拟向心力 F_c 的作用下,无人机沿着参考圆形轨迹盘旋,如图 4.3(c)所示。

跟踪圆形轨迹时,虚拟向心力抵消了参考轨迹的参考转向速率。虚拟弹簧力和虚拟阻力像跟踪直线一样,引导无人机渐进收敛到期望的参考轨迹。在虚拟向心力的作用下,跟踪圆形轨迹时,关于跟踪误差 d 的动态与跟踪直线时相似。因此,在不考虑输入约束的情况下,用基于虚拟力的引导律跟踪圆形轨迹,跟踪误差将渐进收敛到 0。同样,若参数满足关系 $c \geqslant 2\sqrt{k}$ 和 $k > 0$,则在跟踪误差收敛的过程中没有超调和震荡。

▶ 4.3.3　变曲率曲线跟踪

当无人机跟踪变曲率曲线时,参考半径 $r = \left| \dfrac{v_r}{\omega_r} \right|$ 是时变的。此时由式(4.1)确定的参考中心 $O = (x_o, y_o)$ 也随着参考点的运动而改变。然而,始终指向参考中心 O 的虚拟向心力 $F_c = \dfrac{v_T^2}{l}$ 仍然能够提供保持无人机围绕参考中心盘旋的向心力。与跟踪圆形轨迹类似,虚拟向心力能够抵消参考航向速率变化的影响,同时虚拟弹簧力引导无人机收敛到期望的参考轨迹,虚拟阻力防止在收敛过程中产生震荡。

从控制理论的角度,基于虚拟力的引导律与反馈线性化方法类似。反馈线性化是指对非线性系统施加状态反馈或进行非线性变换使所得到的闭环系统成为等价的线性系统。在基于虚拟力的引导律中,虚拟向心力 F_c 是无人机状态的非线性函数。在分析跟踪误差 d 的动态时,通过在反馈中引入非线性的虚拟向心力,使控制输入等价转化为 $\ddot{d}$。此时,关于 d 的闭环系统是一个二阶线性系统,且该闭环系统等价于比例 - 微分控制器。因此,注释 4.3.1 中的结论同样适用于圆形跟踪和变曲率曲线跟踪的情况。

与传统的反馈线性化和比例 - 微分方法相比,基于虚拟力的引导律中的参数具有明确的物理意义,从而使其在实际应用中更容易整定(如 $c \geqslant 2\sqrt{k}$, $k > 0$)。

4.4　引导律在路径跟踪中的应用

与轨迹跟踪问题不同,路径跟踪问题不涉及时间参数化的轨迹,期望的参考路径与时间无关,只取决于空间相对位置。因此,为了使用基于虚拟力的引导律解决路径跟踪问题,需要重新定义参考路径上的参考点。

对于路径跟踪问题,定义参考路径上离无人机最近的点为参考点,如图4.4所示。此时,上述基于虚拟力的引导律不经过任何修改可以直接适用于路径跟踪问题。此外,关于稳定性和收敛性的分析同样适用。当不考虑输入约束时,注释4.3.1的结论也近似成立。分析过程与轨迹跟踪问题类似,具体可参考我们在文献[178]中的分析。

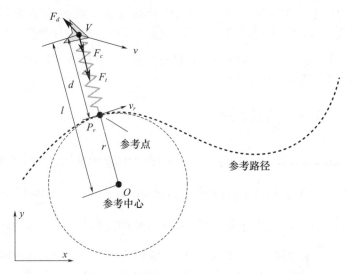

图4.4　基于虚拟力的引导律在路径跟踪问题中应用的示意图

4.5　轨迹和路径跟踪过程中的障碍规避

实时规避障碍在无人机跟踪预定轨迹或路径的过程中显得尤为重要。当探测到障碍物后,无人机应该能够脱离原来的预定轨迹或路径以规避障碍物,绕过障碍物后再收敛到原预定轨迹或路径。采用基于虚拟力的引导律,可以通过设计来自障碍物的虚拟排斥力实现这种能力。

假设无人机上安装有探测障碍物的传感器,如激光雷达。当探测到障碍物时,可以在本地极坐标系中获得障碍物表面的一个点集 $P_o = \left\{ (d_o, \theta_o) \mid d_o \leqslant R_d, -\frac{\pi}{2} < \theta_o < \frac{\pi}{2} \right\}$。其中 θ_o 以逆时针方向为正,R_d 为传感器的探测半径,如图4.5所示。

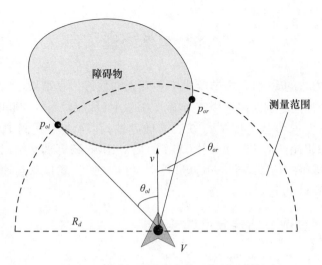

图 4.5 轨迹跟踪过程中障碍规避示意图

此时,可以在上述点集中找到两个点 $p_{ol} = (d_{ol}, \theta_{ol})$ 和 $p_{or} = (d_{or}, \theta_{or})$,其中 θ_{ol} 和 θ_{or} 分别指探测到的最左侧和最右侧点的视线角度。沿无人机侧向设计障碍物的虚拟排斥力,即障碍物只影响无人机的转向速率。在没有任何先验知识的情况下,无人机应该从具有较小的视线角度绝对值的一侧绕过障碍物。从概率上讲,这种策略使无人机绕过障碍物所需的时间最短。因此,设计障碍排斥力规则为:当 $|\theta_{or}| \leqslant |\theta_{ol}|$ 时,障碍物对无人机的虚拟排斥力沿无人机侧向指向右;当 $|\theta_{or}| > |\theta_{ol}|$ 时,障碍物对无人机的虚拟排斥力沿无人机侧向指向左。考虑单位质量假设,虚拟排斥力 F_o 由下式计算得到。

$$F_o = k_o l_o \tag{4.17}$$

$$l_o = \begin{cases} -(d_{\mathrm{saf}} + v\,\theta_{ol}), & \theta_{or} + \theta_{ol} \leqslant 0, d_{\mathrm{saf}} + v\,\theta_{ol} > 0 \\ d_{\mathrm{saf}} - v\,\theta_{or}, & \theta_{or} + \theta_{ol} > 0, d_{\mathrm{saf}} - v\,\theta_{or} > 0 \\ 0, & \text{其他} \end{cases} \tag{4.18}$$

式中:k_o 为排斥力系数;v 为无人机速度大小;d_{saf} 为安全距离参数。多数情况下,与障碍物发生碰撞对无人机是灾难性的。因此排斥力系数 k_o 应该远大于虚拟弹性系数 k,即 $k_o \gg k$。

考虑虚拟排斥力后,原引导律[式(4.5)]中航向速率指令 ω_{cmd} 为

$$\omega_{\mathrm{cmd}} = \frac{F_l}{v} + \frac{F_o}{v} \tag{4.19}$$

式(4.17)和式(4.18)中的设计不是基于虚拟力的引导律实现障碍规避的唯一方式,也可以设计其他类似的排斥力达到目的,上述设计说明采用基于虚拟力的引导律可以方便地考虑无人机的实时避障问题。

4.6 算例验证

为说明方法的有效性,本节给出上述理论的数值仿真结果。仿真包括5个算例:前三个算例分别给出利用基于虚拟力的引导律跟踪直线、圆和变曲率曲线的仿真结果;为说明基于虚拟力方法的优越性,在第4个算例中给出与文献[161,163]中提出的非线性引导律(NLGL)的对比结果;算例5给出在轨迹跟踪过程中规避障碍的仿真结果。仿真过程中,距离、速度、角度和角速度的单位分别为 m、m/s、rad 和 rad/s。

▶ 4.6.1 算例1:直线轨迹跟踪

首先不考虑无人机的输入约束。参考轨迹的起点为(0,0),初始航向角为 $\psi_r = \dfrac{\pi}{4}$,转向速率为 $\omega_r = 0$,参考速度为20。无人机的初始位置为(500,0),初始速度和航向角分别为20和0。采用式(4.5)给出的基于虚拟力的引导律。仿真过程中使用不同的虚拟弹性系数 k 和阻力系数 c。

图4.6给出 $k=0.1$ 的情况下,采用不同的阻力系数时无人机的仿真轨迹。可以看出,当 $c=\sqrt{k}$、$1.5\sqrt{k}$、$2\sqrt{k}$ 和 $3\sqrt{k}$ 时,无人机均能收敛到期望的参考直线轨迹。但收敛过程各不相同:当 $c=\sqrt{k}$ 和 $c=1.5\sqrt{k}$ 时,跟踪误差 d 收敛到0之前有超调和震荡;当 $c=3\sqrt{k}$ 时,无人机可以无超调地收敛到期望直线轨迹,但是所需时间较长;当 $c=2\sqrt{k}$ 时,跟踪误差 d 无超调收敛到0,并且所需时间较 $c=3\sqrt{k}$ 时短。结果表明,注释4.3.1在无约束直线跟踪时成立。图4.7给出 $c=2\sqrt{k}$ 的情况下,采用不同的 k 时的仿真结果。可以看出,$k=0.01$、0.1、1 和 10时,跟踪误差 d 均无超调收敛到0。收敛时间随着 k 的增大而减少。仿真结果表明,不考虑输入约束的情况下,利用基于虚拟力的引导律跟踪直线轨迹时,参数具有较大的适应范围。

事实上,无人机均受到输入饱和的约束。考虑无人机具有如下输入约束。

$$\omega_{\max}=0.2,\omega_{\min}=-0.2,v_{\max}=30,v_{\min}=10 \qquad (4.20)$$

此时采用式(4.5)~式(4.6),所有的仿真参数与上述无约束情况相同。图4.8给出 $k=0.1$ 的情况下,采用不同的阻力系数时无人机的仿真轨迹。可以看出,上述参数仍能使无人机收敛到期望的参考直线轨迹,不同的控制参数下,收敛过程不同,与无约束情况相比,收敛过程被延长,但同样有阻力系数 c 越大收敛过程越平缓。图4.9给出 $c=2\sqrt{k}$ 的情况下,k 变化时的仿真结果,采用不同的 k,跟踪误差 d 都能收敛,但是已经不能通过简单的增加虚拟弹性系数来缩短收敛时间。可以看出,当 $k \geqslant 1$ 时,收敛过程中开始存在超调或震荡,收敛时间由于超调和衰减震荡的存在被延长。结果表明,由于输入约束的存在,注释 4.3.1 中的结果不再适用,但约束存在的情况下,参数 k 和 c 仍具有较宽的适应范围。

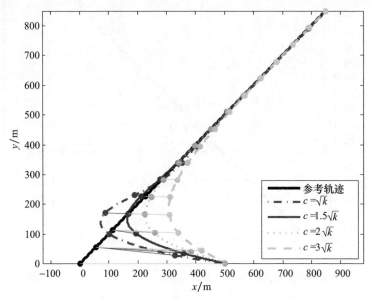

图 4.6　无约束时直线轨迹跟踪仿真结果($k=0.1$,c 变化)

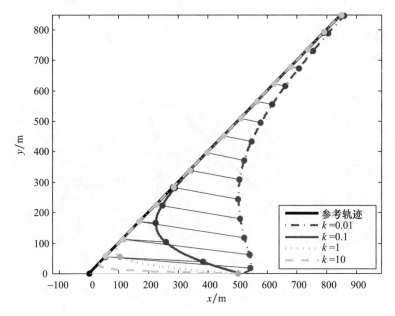

图 4.7　无约束时直线轨迹跟踪仿真结果($c=2\sqrt{k}$,k 变化)

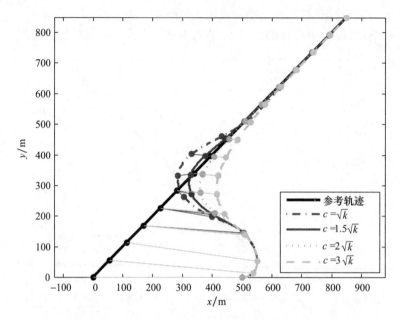

图4.8 考虑输入约束时直线轨迹跟踪仿真结果($k=0.1$,c变化)

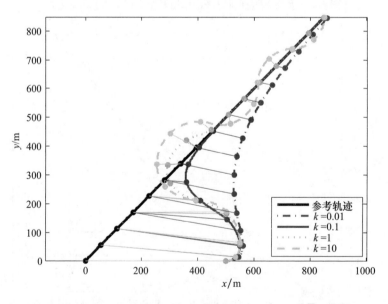

图4.9 考虑输入约束时直线轨迹跟踪仿真结果($c=2\sqrt{k}$,k变化)

▶ 4.6.2　算例 2：圆形轨迹跟踪

首先不考虑无人机的输入约束。参考轨迹的起点为 $(0,0)$，初始航向角为 $\psi_r = 0$，转向速率为 $\omega_r = -0.1$，参考速度为 20。无人机的初始位置为 $(100,100)$，初始速度和航向角分别为 20 和 $\frac{\pi}{4}$。采用式 (4.5) 给出的基于虚拟力的引导律，仿真过程中使用不同的虚拟弹性系数 k 和阻力系数 c。

图 4.10 给出 $k = 0.1$ 的情况下，采用不同的阻力系数时无人机的仿真轨迹。可以看出，当 $c = \sqrt{k}$、$1.5\sqrt{k}$、$2\sqrt{k}$ 和 $3\sqrt{k}$ 时，无人机均能收敛到期望的参考圆形轨迹。使用不同的阻力系数时收敛过程也不同；当 $c = \sqrt{k}$ 和 $c = 1.5\sqrt{k}$ 时，跟踪误差 d 收敛到 0 之前有轻微的超调和震荡，且阻力系数越小超调越大；当 $c = 2\sqrt{k}$ 和 $c = 3\sqrt{k}$ 时，无人机可以无超调地收敛到期望的圆形轨迹；当 $c = 2\sqrt{k}$ 时的收敛速度比 $c = 3\sqrt{k}$ 时快。结果表明，注释 4.3.1 在无约束圆形跟踪时成立。图 4.11 给出 $c = 2\sqrt{k}$ 的情况下，采用不同的 k 时圆形轨迹跟踪的仿真结果。可以看出，$k = 0.02$、0.1、1 和 10 时，跟踪误差 d 均无超调收敛到 0。收敛时间随着 k 的增大而减少。仿真结果表明，不考虑输入约束的情况下，利用基于虚拟力的引导律跟踪圆形轨迹时，参数具有较大的适应范围。

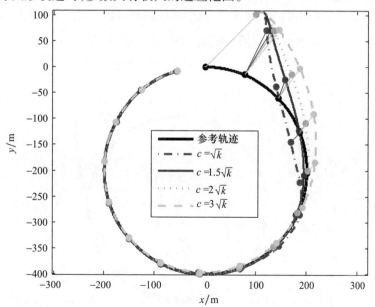

图 4.10　无约束时圆形轨迹跟踪仿真结果（$k = 0.1$，c 变化）

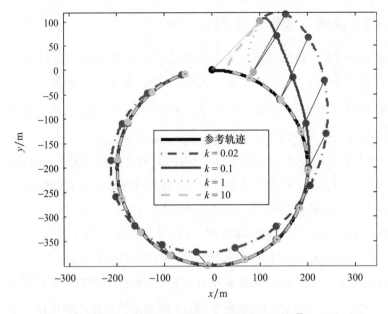

图 4.11　无约束时圆形轨迹跟踪仿真结果（$c = 2\sqrt{k}$，k 变化）

　　进一步在仿真中考虑式（4.20）给出的输入约束，在 $k = 0.1$ 的情况下，采用不同的阻力系数时无人机的仿真轨迹由图 4.12 给出，无人机均可以收敛到期望的圆形轨迹。与无约束情况相比，每组参数的收敛过程都被延长。图 4.13 给出 $c = 2\sqrt{k}$ 的情况下，k 变化时的仿真轨迹。所有的参数下，无人机均可以收敛到期

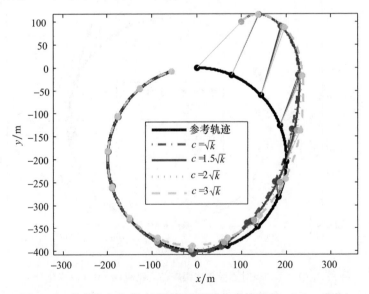

图 4.12　考虑输入约束时圆形轨迹跟踪仿真结果（$k = 0.1$，c 变化）

望的圆形轨迹,但收敛过程都被延长。收敛过程被延长是一种很容易理解的现象,在考虑输入约束的情况下,无人机的驱动能力和响应速度受到限制,同样的偏差需要更多的时间才能收敛。尽管如此,引导律的参数仍然具有可观的适应范围。

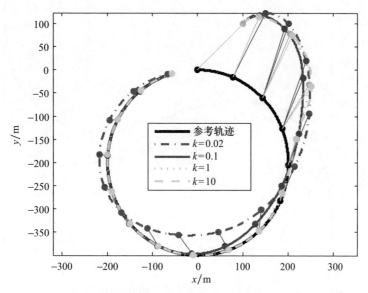

图 4.13　考虑输入约束时圆形轨迹跟踪仿真结果($c = 2\sqrt{k}$,k 变化)

▶ 4.6.3　算例3:变曲率曲线跟踪

首先不考虑无人机的输入约束。参考轨迹起点为$(0,0)$,初始航向角为$\psi_r = \dfrac{\pi}{2}$,转向速率为$\omega_r = -0.1\sin\left(\dfrac{\pi t}{30}\right)$,参考速度为 20。无人机的初始位置为$(100,0)$,初始速度和航向角分别为 20 和 0。采用式(4.5)给出的基于虚拟力的引导律。仿真过程中使用不同的虚拟弹性系数k和阻力系数c。

图 4.14 给出$k = 0.1$的情况下,采用不同的阻力系数时无人机的仿真轨迹。可以看出,当$c = \sqrt{k}$、$1.5\sqrt{k}$、$2\sqrt{k}$和$3\sqrt{k}$时,无人机均能收敛到期望的参考曲线。使用不同的阻力系数时收敛过程也不同;当$c = \sqrt{k}$和$c = 1.5\sqrt{k}$时,跟踪误差d收敛到之前有轻微超调,此时阻力系数越小超调越大;当$c = 3\sqrt{k}$时,无人机可以无超调地收敛到期望的圆形轨迹,但是收敛所需时间较长;当$c = 2\sqrt{k}$时,跟踪误差d无超调收敛,并且所需时间较$c = 3\sqrt{k}$时短。结果表明,注释 4.3.1 在无约束变曲率曲线跟踪时成立。图 4.15 给出$c = 2\sqrt{k}$的情况下,采用不同的k时变曲率曲线跟

踪的仿真结果。可以看出,$k=0.02$、0.1、1 和 10 时,跟踪误差 d 均无超调收敛,收敛时间随着 k 的增大而减少。仿真结果表明,不考虑输入约束的情况下,基于虚拟力的引导律能够精确跟踪变曲率曲线轨迹,且参数具有较大的适应范围。

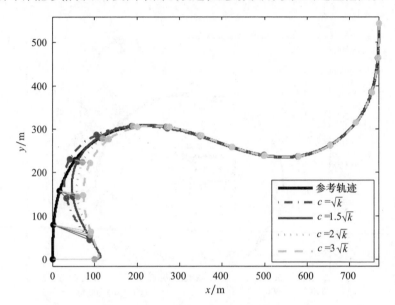

图 4.14　无约束时变曲率曲线轨迹跟踪仿真结果($k=0.1$,c 变化)

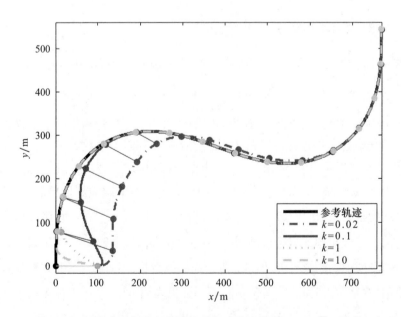

图 4.15　无约束时变曲率曲线轨迹跟踪仿真结果($c=2\sqrt{k}$,k 变化)

　　进一步在仿真中考虑式(4.20)给出的输入约束,在 $k=0.1$ 的情况下,采用不同的阻力系数时无人机的仿真轨迹由图4.16给出,所有的轨迹均能收敛到期望的变曲率曲线,但是当 $c=\sqrt{k}$ 或 $1.5\sqrt{k}$ 时,存在超调和震荡,且阻力系数越小幅度越大。图4.17给出 $c=2\sqrt{k}$ 的情况下,k 变化时的仿真轨迹。可以看出,无人机均可以收敛到期望的变曲率曲线轨迹。但是当 k 太大时,收敛过程会出现超调和震荡,从而使得收敛需要更多的时间。尽管如此,引导律的参数仍然具有可观的适应范围。

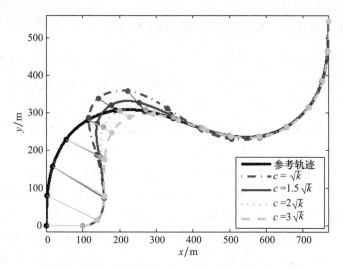

图 4.16　考虑输入约束时变曲率曲线轨迹跟踪仿真结果($k=0.1$,c 变化)

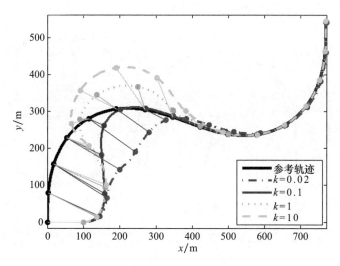

图 4.17　考虑输入约束时变曲率曲线轨迹跟踪仿真结果($c=2\sqrt{k}$,k 变化)

通过上述算例仿真可以验证如下结论。

（1）基于虚拟力的引导律可用于跟踪直线、圆形和变曲率曲线。

（2）基于虚拟力的引导律具有较大的参数适应性，尤其是不考虑输入约束时。

（3）不考虑输入约束时，如果 $c \geq 2\sqrt{k}$，基于虚拟力的引导律可以无超调地跟踪期望的参考轨迹。

（4）考虑输入约束时，轨迹跟踪的收敛过程被延长，但该方法仍具有较大的参数适应范围。

4.6.4 算例4：路径跟踪问题中的应用

基于虚拟力的引导律可以直接应用于无人机路径跟踪问题。为说明该方法的有效性和优越性，选择 NLGL[161,163]、PLOS[162] 和 PID 方法做对比。对比仿真中无人机的速度限定为 20m/s。航向速率的范围限制在 $[-0.2, 0.2]$rad/s。基于虚拟力的引导律参数为 $k = 0.5, c = 2\sqrt{k}$，NLGL 方法的导引距离为 120m，PLOS 方法的参数为 $k_e = 2.5, k_d = 0.05$，PID 方法的参数为 $k_P = 0.1, k_I = 0.005$，$k_D = 0.64$。参考路径由式（2.16）生成，包括一个直线段和"8"字航线的一部分。

图4.18 给出了使用上述4种方法的仿真轨迹。可以看出，4种方法都能用于跟踪参考曲线，其区别在于收敛速度和跟踪精度，尤其是参考路径的曲率变化时。图4.19 中给出了4种方法的侧偏距。结果表明，VFGL法和PLOS法的收敛速度比 NLGL 和 PID 快；使用 NLGL、PLOS 和 PID 时，在无人机收敛到参考路径之前有超调。此外，在这些方法中，VFGL 的侧偏距最小，特别是在参考路径曲率变化时，VFGL 仍能精确跟踪参考路径。

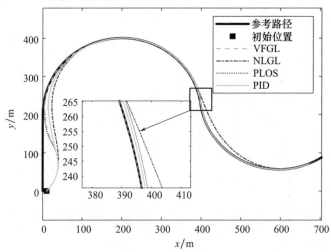

图4.18 不同方法曲线路径跟踪对比仿真中无人机轨迹

在实际路径跟踪问题中,参考路径一般是人为设定的,或者通过路径规划算法计算得出,并不需要传感器测量。因此,一般参考路径是精确已知的,从而参考点的航向速率 ω_r 也精确已知。有效利用参考路径的航向速率信息可以提高变曲率曲线的跟踪精度。本章给出的虚拟力方法中,设计了虚拟向心力,虚拟向心力的大小和方向很大程度上取决于参考点处的航向速率 ω_r,其实际效果可以实时抵消参考路径曲率变化带来的影响。而 NLGL 方法没有利用该信息。因此,基于虚拟力的方法可以精确跟踪变曲率曲线,而 NLGL 方法在曲率发生变化时存在较大的侧偏距。

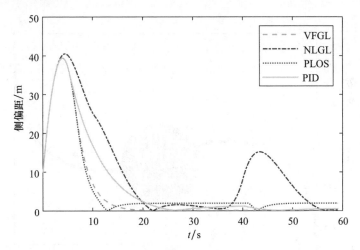

图 4.19　不同方法曲线路径跟踪对比仿真中无人机的侧偏距

4.6.5　算例 5:障碍规避

采用与算例 3 中相同的参考轨迹,考虑一个半径为 100m 的圆形障碍物,其圆心位于 $(400,250)$。无人机初始位置为 $(0,0)$,初始速度和航向角分别为 20 和 $\dfrac{\pi}{2}$。采用改进的引导律[式(4.19)],仿真参数如下。

$$k = 0.1, c = 2\sqrt{k}, k_o = 10, d_{saf} = 10, R_d = 200 \qquad (4.21)$$

考虑式(4.20)给出的输入约束。图 4.20 给出无人机在轨迹跟踪过程中规避障碍物的仿真结果。采用改进的引导律,无人机能够改变原来的预定轨迹并规避障碍物,绕过障碍物后再收敛到原预定轨迹。在此过程中,虚拟向心力抵消非零曲率的影响,来自障碍物的虚拟排斥力使得无人机绕过障碍物,虚拟弹簧力使得无人机又收敛到期望轨迹,虚拟阻力防止收敛过程中产生震荡。

为进一步验证方法的避障性能,将基于虚拟力的方法与文献[168]中的 VFF 方法和文献[175]中的 GVF 方法进行对比。考虑到对比方法仅对直线路径进行了设计,仿真中无人机以固定速度 25m/s 沿参考直线路径飞行,在参考路径上设置圆形障碍。VFGL 方法的参数为 $k = 0.5, c = 2\sqrt{k}, k_o = 10$,$R_d = 100$m。VFF 方法的障碍窗口半径为 210m,排斥力为 $F_r = -3$,引力为 $F_t = 0.8$,范围分量为 $n = 2$,VFF 方法的目标点为(400,0)。GVF 方法的参数采用文献[175]的仿真参数。VFF 法和 GVF 法的具体参数描述请参考文献[168]和文献[175]。

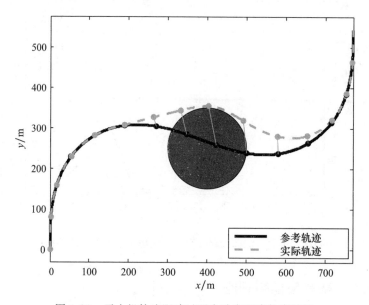

图 4.20　无人机轨迹跟踪过程中动态避障仿真结果

上述 3 种引导方法的仿真结果如图 4.21 所示。使用 VFGL 方法,探测到障碍后,障碍物的虚拟排斥力将无人机从参考路径上推开以达到避开障碍的目的。绕过障碍之后,无人机的轨迹收敛回原来的参考路径上,且收敛过程中没有超调。采用 VFF 方法,无人机也能飞离参考路径避开障碍,但在完成避障后,无人机不能返回原来的参考路径,而是直接以最短的距离飞向目标点。使用 GVF 方法时,无人机比 VFF 和 VFGL 方法更早离开参考路径,完成避障后,迅速收敛到参考路径上。在避障过程中,GVF 方法与参考路径的偏差大于 VFGL 方法,且收敛到参考路径之前存在超调。通过上述对比,我们发现 VFGL 方法可以获得更好的路径跟踪和避障效果。

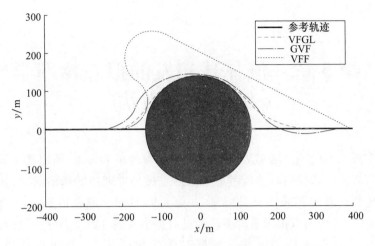

图 4.21　多种方法路径跟踪过程中动态避障仿真结果

4.7　本章小结

　　针对编队中长机对参考轨迹或路径的跟踪和避障问题,设计了一种基于虚拟力的无人机轨迹和路径跟踪引导律。通过设计虚拟力得到无人机期望的转向速率。虚拟向心力能够抵消参考轨迹或路径的曲率影响,虚拟弹簧力使无人机收敛到参考轨迹或路径上,虚拟阻力能够阻止超调或震荡的发生。该引导律可用于精确跟踪直线、圆和变曲率曲线。理论分析表明,在跟踪直线时,该方法等价于比例-微分控制;跟踪圆形或变曲率曲线时,等价于反馈线性化方法。通过虚拟排斥力可以使无人机在跟踪参考轨迹或路径的过程中避开障碍。此外,分析了方法的稳定性和收敛性,考虑了输入约束对该方法跟踪性能的影响,并给出有无约束时的参数选择建议。使用拟态物理学的思想,引导律计算简单,且参数具有明确的物理意义,从而使得该方法在实际应用中容易整定。数值仿真验证了引导律的有效性,且跟踪变曲率曲线时性能优于 NLGL、PLOS 和 PID 等传统方法,障碍规避性能优于 VFF 和 GVF 方法。该方法将应用于后续章节中 Leader-Follower 模式编队的长机控制中。

第5章 液体球启发的拟态物理学 编队控制方法

为实现无人机的灵活编队控制,本章在液体球的启发下,给出基于拟态物理学的多智能体编队控制方法。考虑编队质点模型和理想的通信条件,即每个智能体都能与其邻居智能体交换信息,并能获取 Leader 或虚拟 Leader 的状态信息,将液体球建模为虚拟弹簧网络。通过对每个节点进行受力分析,得到液体球启发的分散式编队控制方法。根据有无长机的情况,给出液体球启发的 Leader – Follower 编队控制方法和虚拟 Leader 编队控制方法。通过控制器参数设计,液体球启发的编队控制方法可以实现任意可行的编队队形。由于使用拟态物理学的思想,液体球启发的编队控制器的参数具有明确的物理意义,在实际应用中容易整定。

5.1 基于虚拟弹簧网络的液体球模型

通过设计虚拟弹簧和虚拟角度弹簧分别描述液体球的分子引力和表面张力,从而构建虚拟弹簧网络模型,用于简化真实的液体球模型。

▶ 5.1.1 虚拟角度弹簧

第2章中图 2.2 给出圆形的质量弹簧系统,进一步给出虚拟角度弹簧的概念,如图 5.1 所示,将弹簧沿着圆环的弹力看作一种"角度弹簧",这种角度弹簧可以保证圆环上的质点均匀分布。

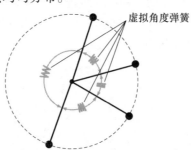

图 5.1 虚拟角度弹簧概念示意图

这里给出虚拟角度弹簧的定义,虚拟角度弹簧连接一个角的两个边,如图 5.1 所示,并且具有如下特性。

(1) 虚拟角度弹簧通过角的两个边在角的顶点处施加力矩。

(2) 角度的自然大小为 0,因此虚拟角度弹簧一直处于拉伸状态。

(3) 所施加力矩的大小与角度成正比,即 $\tau = k_\theta \theta$,其中 k_θ 是角度弹性系数,θ 为角度。

5.1.2　虚拟弹簧网络模型

设计虚拟弹簧和虚拟角度弹簧构建虚拟弹簧网络模型。利用虚拟的弹簧网络来简化液体球的模型,如图 5.2 所示。在虚拟弹簧网络模型中,利用虚拟角度弹簧模拟液体的表面张力,从而使多个智能体能够均匀分布在期望的圆环上。为了保证智能体能够收敛到并保持在指定半径的圆环上,在每个智能体和圆环圆心之间设计简单的虚拟弹簧,用来模拟液体分子间作用力的效果。值得指出,通过在虚拟弹簧网络模型中设计相互垂直的虚拟弹簧和虚拟角度弹簧使得智能体沿这两个方向的动态可以解耦分析,从而降低问题的复杂程度。

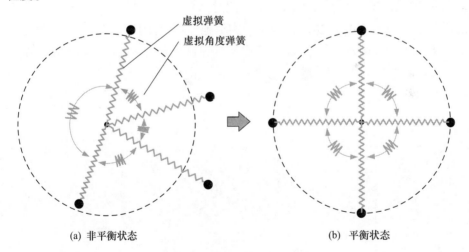

(a) 非平衡状态　　　　　　　　　(b) 平衡状态

图 5.2　虚拟弹簧网络模型

这里的"虚拟"指的是这些弹簧力(或力矩)为人工力(或力矩),在实际的系统中并不存在。此外,用"虚拟"也使得我们设计的力不受实际力的限制,可能有一些超越实际的假设,如虚拟弹簧的长度没有限制,虚拟角度弹簧的平衡角度为 0 等。尽管这些力(或力矩)是虚拟力(或力矩),多智能体系统像受到真实力一样做出反应。

5.2 液体球启发的 Leader – Follower 编队控制

要实现多智能体像液体球一样编队,首先需要定义编队的中心,以便建立能够描述整个编队的编队坐标系。编队中心可以采用虚拟结构的定义方法,也可以通过选择一个相对于 Leader 智能体的固定点进行定义。首先通过定义 Leader 的方式定义编队中心。

5.2.1 Leader – Follower 编队控制方法

定义了 Leader 之后,编队中心可以定义在 Leader 后 r_1 米处。用 C 表示编队中心,其他所有智能体的期望位置分布在以 C 为圆心、以 r_i 为半径的圆环上。图 5.3 给出了液体球启发的拟态物理学编队控制方法的原理示意图,$O-EN$ 表示二维导航坐标系,$C-XY$ 为编队中心的航迹坐标系。定义极坐标系 $C-d\theta$,其中,半径坐标 d 为离编队中心 C 的距离,角度 θ 表示顺时针方向上由极轴 Y 开始的角度。根据初始角度 θ 对所有的智能体进行编号,使得带有编号的智能体 $A_i(i=1,2,\cdots,N)$ 满足当 $1 \leqslant i < j \leqslant N$ 时 $\theta_i < \theta_j$。此时,A_{i-1} 和 A_{i+1} 定义为 $A_i(i=1,2,\cdots,N)$ 的两个邻居,并且有 $A_0 = A_N$,$A_{N+1} = A_1$。类似地,对所有的变量表示,有 $\alpha_0 = \alpha_N$ 和 $\alpha_{N+1} = \alpha_1$,其中 α 表示变量。假设每个智能体保持与 Leader 和两个邻居的通信。

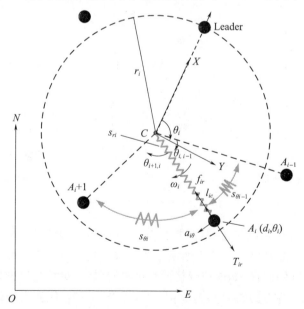

图 5.3 液体球启发的 Leader – Follower 编队控制方法示意图

如图 5.3 所示,对于每个智能体 A_i,有 3 个相关的虚拟(角度)弹簧:虚拟弹簧 S_{ri} 连接 A_i 和虚拟中心 C,虚拟角度弹簧 $S_{\theta i-1}$ 连接 CA_{i-1} 和 CA_i,$S_{\theta i}$ 连接 CA_i 和 CA_{i+1}。此时,可以将虚拟弹簧网络的动态分解到半径和角度两个垂直方向上进行分析。

在半径方向,虚拟弹簧的 S_{ri} 自然长度、弹性系数和阻力系数分别为 r_i、k_{vri} 和 c_{vri}。此时半径方向上的合力可以表示为

$$F_{ir} = m_i a_{ir} = T_{ir} - f_{ir} - l_{ic} \tag{5.1}$$

$$\begin{cases} T_{ir} = k_{vri}(r_i - d_i) \\ f_{ir} = c_{vri}\dot{d}_i \\ l_{ic} = m_i d_i \omega_i^2 \end{cases} \tag{5.2}$$

式中:a_{ir} 为 A_i 在半径方向的加速度;T_{ir} 和 f_{ir} 分别为半径方向上的弹力和阻力;l_{ic} 为向心力;ω_i 为 CA_i 在角度方向的旋转角速率。

将式(5.2)代入式(5.1),可以得到半径方向上的加速度。

$$a_{ir} = \frac{k_{vri}}{m_i}(r_i - d_i) - \frac{c_{vri}}{m_i}\dot{d}_i - d_i \omega_i^2 \tag{5.3}$$

在角度方向,虚拟角度弹簧 $S_{\theta i}$ 的自然角度和弹性系数分别为 0 和 $k_{v\theta i}$,用 $c_{v\theta i}$ 表示边 CA_i 的角度阻力系数。此时通过边 CA_i 作用在 C 上的合力距可以表示为

$$\tau_i = I_i \dot{\omega}_i = \tau_{i+1,i} - \tau_{i,i-1} - \tau_{i\theta f} \tag{5.4}$$

$$\begin{cases} \tau_{i+1,i} = k_{v\theta i}\theta_{i+1,i} \\ \tau_{i,i-1} = k_{v\theta i-1}\theta_{i,i-1} \\ \tau_{i\theta f} = c_{v\theta i}\omega_i \end{cases} \tag{5.5}$$

式中:I_i 为 CA_i 的转动惯量,$\tau_{i+1,i}$ 和 $\tau_{i,i-1}$ 分别表示虚拟角度弹簧 $S_{\theta i}$ 和 $S_{\theta i-1}$ 施加的力矩,$\tau_{i\theta f}$ 表示由于 A_i 在角度方向的运动产生的阻力力矩。将式(5.5)代入式(5.4),可以得到 CA_i 角度方向的角加速度。

$$\dot{\omega}_i = \frac{k_{v\theta i}}{I_i}\theta_{i+1,i} - \frac{k_{v\theta i-1}}{I_i}\theta_{i,i-1} - \frac{c_{v\theta i}}{I_i}\omega_i \tag{5.6}$$

从而可以得到智能体 A_i 在角度方向的加速度。

$$ai_\theta = d_i \dot{\omega}_i = \frac{k_{v\theta i}}{I_i}d_i\theta_{i+1,i} - \frac{k_{v\theta i-1}}{I_i}d_i\theta_{i,i-1} - \frac{c_{v\theta i}}{I_i}d_i \omega_i \tag{5.7}$$

为了减少变量个数,引入新的参数 k_{ri}、c_{ri}、$k_{\theta i}$ 和 $c_{\theta i}$,使得

$$k_{ri} = \frac{k_{vri}}{m_i}, c_{ri} = \frac{c_{vri}}{m_i}, k_{\theta i} = \frac{k_{v\theta i}}{I_i}, c_{\theta i} = \frac{c_{v\theta i}}{I_i} \tag{5.8}$$

则可以得到液体球启发的 Leader – Follower 编队控制器,对于智能体 A_i ($i = 2$, $3, \cdots, N$),控制器由式(5.9)~式(5.11)给出。

$$a_{ir} = k_{ri}(r_i - d_i) - c_{ri}\dot{d}_i - d_i\omega_i^2 \tag{5.9}$$

$$a_{i\theta} = k_{\theta i}d_i\theta_{i+1,i} - k_{\theta i-1}d_i\theta_{i,i-1} - c_{\theta i}d_i\omega_i \tag{5.10}$$

$$\boldsymbol{a}_i = \begin{bmatrix} \cos(\theta_i + \chi_1) & \sin(\theta_i + \chi_1) \\ -\sin(\theta_i + \chi_1) & \cos(\theta_i + \chi_1) \end{bmatrix} \begin{bmatrix} a_{i\theta} \\ a_{ir} \end{bmatrix} \tag{5.11}$$

在上述控制器中,式(5.9)为半径方向控制器,式(5.10)为角度方向控制器,式(5.11)为坐标旋转,将$[a_{i\theta}, a_{ir}]'$转化为每个智能体的控制输入,χ_1是Leader的航向角。

值得指出的是,由式(5.9)~式(5.11)给出的控制器是分散的。因为A_i的控制只依赖于Leader、两个邻居和其自身的状态。在A_i的控制器中,编队配置参数和控制参数有k_{ri}、c_{ri}、r_i、$k_{\theta i}$和$c_{\theta i}$。$k_{\theta i-1}$可以通过与A_{i-1}的通信获得。控制器中的其他变量可以根据智能体A_1、A_i、A_{i-1}和A_{i+1}的状态计算得到。

这种基于拟态物理学思想的编队控制方法,通过受力分析得到分散式编队控制器,使得每个智能体的轨迹不违背基本的物理规律,即使不能保证得到的轨迹不是最优的,但可以获得较为合理的且可以物理实现的次优轨迹。此外,基于利用基本的物理学思想,使得该方法很容易进行稳定性和收敛性分析。

▶ 5.2.2 稳定性与收敛性证明

> **定理 5.1:**
>
> 对于含有N个智能体的多智能体编队系统,使用液体球启发的Leader-Follower 编队控制器[式(5.9)~式(5.11)],当参数满足$k_{ri} > 0$、$c_{ri} > 0$、$r_i > 0$、$k_{\theta i} > 0$和$c_{\theta i} > 0 (i = 1,2,\cdots,N)$时,多智能体系统将收敛到一个唯一的平衡编队。

证明:为了证明液体球启发的 Leader-Follower 编队控制的收敛性,可以分别证明在式(5.9)~式(5.11)的作用下d_i和$\theta_i(i = 2,3,\cdots,N)$的收敛性。因此,定理5.1的证明可以分解为两个正交方向:半径方向和角度方向。

首先证明当满足$k_{ri} > 0$和$c_{ri} > 0$时,利用式(5.9),半径d_i全局收敛到期望的长度r_i,即智能体A_i能收敛到以r_i为半径的虚拟液体球的表面。

事实上,对于智能体的圆周运动,具有如下力学关系:

$$F_{ir} + m_i d_i \omega_i^2 = m_i \ddot{d}_i \tag{5.12}$$

将式(5.12)代入式(5.9),可以得到

$$\ddot{d}_i = k_{ri}(r_i - d_i) - c_{ri}\dot{d}_i \tag{5.13}$$

取 $X = [x_1, x_2]' = [d_i, \dot{d}_i]'$，可以将微分方程式(5.9)转化为状态空间方程式(5.14)。

$$\dot{X} = AX + b$$
$$A = \begin{bmatrix} 0 & 1 \\ -k_{ri} & -c_{ri} \end{bmatrix}, b = \begin{bmatrix} 0 \\ k_{ri}r_i \end{bmatrix} \tag{5.14}$$

令 $\dot{X} = 0$，可以求得状态方程式(5.14)具有唯一的平衡点 $\hat{d}_i = \hat{x}_1 = r_i$，$\dot{\hat{d}}_i = \hat{x}_2 = 0$。

式(5.14)的特征方程为

$$\det(\lambda I - A) = \lambda^2 + c_{ri}\lambda + k_{ri} = 0 \tag{5.15}$$

因此，可以求解出式(5.14)的特征根：

$$\lambda = \frac{-c_{ri} \pm \sqrt{c_{ri}^2 - 4k_{ri}}}{2} \tag{5.16}$$

因为弹性系数 k_{ri} 和阻力系数 c_{ri} 非负，即满足 $k_{ri} > 0$、$c_{ri} > 0$，所以始终可以得到 $\mathrm{real}(\lambda) < 0$，即式(5.14)渐进稳定。因此，在式(5.9)的作用下，式(5.14)全局收敛到唯一的平衡点 $[r_i, 0]'$，即智能体 A_i 在半径方向上全局渐进收敛到唯一的平衡距离 r_i。

下面证明，当满足 $k_{\theta i} > 0$ 和 $c_{\theta i} > 0 (i = 1, 2, \cdots, N)$ 时，在式(5.10)的作用下，每个智能体的角度收敛到唯一的平衡值。

式(5.10)两边同时除以 d_i，可以得到如下形式的角度方向动态微分方程。

$$\ddot{\theta}_i = k_{\theta i-1}\theta_{i-1} - (k_{\theta i} + k_{\theta i-1})\theta_i + k_{\theta i}\theta_{i+1} - c_i\dot{\theta}_i \tag{5.17}$$

定义 $X = [x_1, x_2, \cdots, x_{2(N-1)}]'$，$x_i = \theta_{i+1}$ 和 $x_{N-1+i} = \dot{\theta}_{i+1} (i = 1, 2, \cdots, N-1)$。从图 5.3 中可知 $\theta_1 = 0$ 和 $\theta_{N+1} = 2\pi$。此时角度方向动态的状态空间方程由式(5.18)给出。

$$\dot{X} = AX + b$$
$$A = \begin{bmatrix} A_{11} & A_{12} \\ A_{21} & A_{22} \end{bmatrix}, b = \begin{bmatrix} 0_{(2N-3)\times 1} \\ 2\pi k_N \end{bmatrix} \tag{5.18}$$

其中，有

$$A_{11} = 0_{(N-1)\times(N-1)}$$
$$A_{12} = I_{(N-1)\times(N-1)} \tag{5.19}$$
$$A_{22} = \mathrm{diag}(c_{\theta 2}, c_{\theta 3}, \cdots, c_{\theta N})$$

$$A_{21} = \begin{bmatrix} -\sum_{i=1}^{2} k_{\theta i} & k_{\theta 2} & 0 & 0 \\ k_{\theta 2} & -\sum_{i=2}^{3} k_{\theta i} & k_{\theta 3} & 0 \\ \vdots & \vdots & & \vdots \\ 0 & 0 & k_{\theta N-1} & -\sum_{i=N-1}^{N} k_{\theta i} \end{bmatrix} \tag{5.20}$$

为了说明系统具有唯一的平衡点，令$\dot{X}=0$，可以得到$\dot{\theta}_i=0(i=2,3,\cdots,N)$和
$$A_{21}X_1 + b_1 = 0$$

$$X_1 = \begin{bmatrix} \theta_2 \\ \vdots \\ \theta_N \end{bmatrix}, b_1 = \begin{bmatrix} \mathbf{0}_{(N-2)\times 1} \\ 2\pi k_N \end{bmatrix} \tag{5.21}$$

容易证明，当$k_{\theta i}>0$时，矩阵A_{21}可逆并负定，从而方程式(5.21)对于每组参数$k_{\theta i}>0(i=1,2,\cdots,N)$具有唯一的解$\hat{X}_1 = -A_{21}^{-1}b_1$。此时，式(5.18)唯一的全局平衡点可以表示为

$$\hat{X} = \begin{bmatrix} -A_{21}^{-1}b_1 \\ \mathbf{0}_{(N-1)\times 1} \end{bmatrix} \tag{5.22}$$

为了说明式(5.18)的稳定性，给出其特征方程：

$$\begin{aligned} \det(\lambda I - A) &= \begin{vmatrix} \lambda I - A_{11} & -A_{12} \\ -A_{21} & \lambda I - A_{22} \end{vmatrix} \\ &= \begin{vmatrix} \lambda I & -I \\ -A_{21} & \lambda I - A_{22} \end{vmatrix} \\ &= |\lambda I| |(\lambda I - A_{22}) - A_{21}(\lambda I)^{-1}I| \\ &= \lambda^{N-1} \prod_{i=2}^{N} \left(\lambda + c_{\theta i} + \frac{k_{\theta i} + k_{\theta i-1}}{\lambda} \right) \\ &= \prod_{i=2}^{N} (\lambda^2 + c_{\theta i}\lambda + k_{\theta i} + k_{\theta i-1}) = 0 \end{aligned} \tag{5.23}$$

求解特征方程，得出系统的特征根：

$$\lambda = \frac{-c_{\theta i} \pm \sqrt{c_{\theta i}^2 - 4(k_{\theta i} + k_{\theta i-1})}}{2} (i=2,3,\cdots,N) \tag{5.24}$$

对于所有的弹性系数$k_{\theta i}, k_{\theta i-1}>0$和阻力系数$c_{\theta i}>0$，总满足$\mathrm{real}(\lambda)<0$，从而总能保证式(5.18)渐进稳定。因此，所有智能体的角度都能全局收敛到唯一

平衡点上。

综上,在 Leader – Follower 编队控制器[式(5.9) ~ 式(5.11)]的作用下 d_i 和 $\theta_i (i = 2,3,\cdots,N)$ 均收敛到唯一的平衡点,因此整个系统收敛到唯一的平衡点。

> **注释 5.2.1:**
>
> 　如果选择阻力系数与弹性系数满足关系 $c_{ri} \geqslant 2\sqrt{k_{ri}}$,那么 A_i 在半径方向上无超调、无震荡地收敛到期望的半径 r_i 上。

由径向子系统的特征根[式(5.16)]可知,如果阻力系数满足 $c_{ri} > 2\sqrt{k_{ri}}$,那么式(5.14)二阶过阻力系统。此时,系统可以无超调地收敛到期望的平衡点上,但是收敛速度会比较慢。相反,如果阻力系数满足 $0 < c_{ri} < 2\sqrt{k_{ri}}$,那么式(5.14)是一个二阶欠阻力系统。此时,系统将会在过渡过程中产生震荡。而当阻力系数满足 $c_{ri} = 2\sqrt{k_{ri}}$ 时,式(5.14)是一个二阶临界阻力系统。这种情况下,系统的阶跃相应是无超调和无震荡的,并且跟踪速度比第一种情况快。因此,临界阻力的情况下系统的控制效果可以达到最佳。若选择 $c_{ri} = 2\sqrt{k_{ri}}$,A_i 在半径方向的编队控制器只有弹性系数 k_{ri} 一个参数需要设计。

> **注释 5.2.2:**
>
> 　半径方向上的编队控制器[式(5.9)]实质上等价于一种反馈线性化和比例 – 微分控制相结合的方法。

反馈线性化是指对非线性系统施加状态反馈或进行非线性变换使所得到的闭环系统成为等价的线性系统。原始的径向编队控制器[式(5.9)]是非线性的。因为在控制器中有非线性的向心力存在。通过引入非线性状态反馈 $d_i\omega_i^2$,将控制输入形式上由 a_{ir} 变换成了 $\ddot{d}_i$,从而将非线性系统变换为式(5.13)所示的线性系统。此外,径向控制器的前两项等价于一个二阶线性系统的比例 – 微分控制。其中等价的误差和误差微分分别为 $e = r_i - d_i$ 和 $\dot{e} = -\dot{d}_i$,等价比例系数为 $K_p = k_{ri}$,微分系数为 $K_D = c_{ri}$ 。

本节提出的径向编队控制器等价于反馈线性化和比例 – 微分控制,但相比之下具有一些优势,如控制器及其参数具有明确的物理意义,这使得控制器参数在实际应用中更容易整定。此外,传统的比例 – 微分控制中将具有不同量纲的比例项和微分项相加产生控制量,而具有不同的量纲的变量相加没有物理意义,给一些使用者带来困惑。而本节的方法中由于控制器中所有的参数具有明确的物理意义,使得比例项 $P(k_{r_i}(r_i - d_i))$ 和微分项 $D(-c_{r_i}v_{ir})$ 具有相同的量纲。

与注释 5.2.1 类似,当阻力系数满足 $c_{\theta i} \geq 2\sqrt{k_{\theta i} + k_{\theta i-1}}$ ($i = 2, 3, \cdots, N$)时,式(5.18)具有类似注释 5.2.1 中的性质。

注释 5.2.3：

当控制器中阻力系数与弹性系数之间满足关系 $c_{\theta i} \geq 2\sqrt{k_{\theta i} + k_{\theta i-1}}$ ($i = 2, 3, \cdots, N$)时,角度子系统能够无震荡地收敛到期望的平衡点处,由于角度子系统是一个多输入多输出(MIMO)系统,因此在一些特殊的初始条件下可能会出现超调现象,但不会震荡。

图 5.4 给出超调不可避免的一个初始状态。图中参数满足 $c_{\theta i} \geq 2\sqrt{k_{\theta i} + k_{\theta i-1}}$，$k_{\theta i} = k > 0, \omega_i(0) = 0$ ($i = 2, 3$)。由于 A_1 是 Leader,不受 $S_{\theta 1}$ 和 $S_{\theta 3}$ 的作用,在收敛过程中保持静止。在角度方向上 A_3 的初始位置离其平衡位置 $\hat{A}_3$ 非常近,但由于角度弹簧 $S_{\theta 3}$ 和 $S_{\theta 2}$ 之间存在比较大的不平衡,A_3 在收敛之前,将先经过 $\hat{A}_3$ 向 A_1 运动一段距离,之后随着 $S_{\theta 3}$ 和 $S_{\theta 2}$ 的不平衡力矩逐渐减小才能再一次回到 $\hat{A}_3$,在此过程中 θ_3 的超调不可避免。

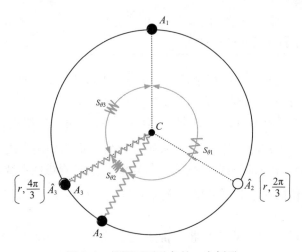

图 5.4　超调不可避免的一个例子

5.3　液体球启发的虚拟 Leader 编队控制

在 Leader – Follower 编队中，每个 Follower 都需要 Leader 的实时状态信息。当 Leader 失效时，整个编队将无法继续保持。为克服上述缺点，提出液体球启发的虚拟 Leader 编队控制方法，设计虚拟中心作为编队中心。当编队需要整体运动时，可以设计虚拟中心跟踪目标点，此时虚拟中心等价为一个虚拟 Leader。

▶ 5.3.1　虚拟 Leader 编队控制方法

对于 N 个智能体的编队，定义点 C 为虚拟编队中心，使得从点 C 发出的射线最多只经过一个智能体。如图 5.5 所示，定义极坐标系 $C - d\theta$，其中，半径坐标 d 为离编队中心 C 的距离，角度 θ 表示顺时针方向上由极轴 N 开始的角度。根据初始角度 θ 对所有的智能体进行编号，使得带有编号的智能体 $A_i(i = 1, 2, \cdots, N)$ 满足当 $1 \leqslant i < j \leqslant N$ 时 $\theta_i < \theta_j$。此时，A_{i-1} 和 A_{i+1} 定义为 $A_i(i = 1, 2, \cdots, N)$ 的两个邻居，并且有 $A_0 = A_N$，$A_{N+1} = A_1$。类似地，对所有的变量表示，有 $\alpha_0 = \alpha_N$ 和 $\alpha_{N+1} = \alpha_1$，其中 α 表示变量。根据假设，每个智能体知道编队中心 C 的状态，并且与两个邻居保持通信。

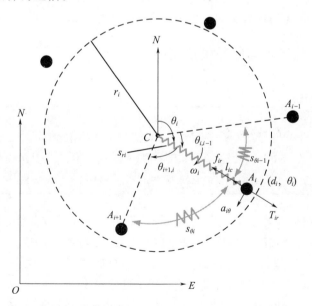

图 5.5　液体球启发的虚拟 Leader 编队控制方法示意图

根据图 5.5 中的虚拟弹簧网络模型，对于每个智能体 A_i，有 3 个相关的虚拟

（角度）弹簧：虚拟弹簧 S_{ri} 连接 A_i 和虚拟中心 C，虚拟角度弹簧 $S_{\theta i-1}$ 连接 CA_{i-1} 和 CA_i，$S_{\theta i}$ 连接 CA_i 和 CA_{i+1}。与 Leader – Follower 方法类似，可以将虚拟弹簧网络的动态分解为半径和角度两个垂直方向进行分析。

通过类似的推导分析，可以得到液体球启发的虚拟 Leader 编队控制器，对于智能体 $A_i(i=1,2,\cdots,N)$，控制器由式（5.25）~式（5.27）给出。

$$a_{ir} = k_{ri}(r_i - d_i) - c_{ri}\dot{d}_i - d_i\omega_i^2 \tag{5.25}$$

$$a_{i\theta} = k_{\theta i}d_i\theta_{i+1,i} - k_{\theta i-1}d_i\theta_{i,i-1} - c_{\theta i}d_i\omega_i \tag{5.26}$$

$$\boldsymbol{a}_i = \begin{bmatrix} \cos\theta_i & \sin\theta_i \\ -\sin\theta_i & \cos\theta_i \end{bmatrix} \begin{bmatrix} a_{i\theta} \\ a_{ir} \end{bmatrix} \tag{5.27}$$

其中，式（5.25）为半径方向控制器，式（5.26）为角度方向控制器，式（5.27）为坐标旋转，将 $[a_{i\theta}, a_{ir}]'$ 转化为每个智能体的控制输入。

由于设计相同的虚拟弹簧网络，虚拟 Leader 方法的半径控制器和角度控制器与 Leader – Follower 方法相同，由于编队中心定义的不同，导致一些变量坐标系不同，因此，控制器的一些参数计算和坐标变换有所区别。

值得指出的是，由式（5.25）~式（5.27）给出的控制器是分散的。因为 A_i 的控制只依赖于两个邻居和其自身的状态。在 A_i 的控制器中，编队配置参数和控制参数有 k_{ri}、c_{ri}、r_i、$k_{\theta i}$ 和 $c_{\theta i}$。参数 $k_{\theta i-1}$ 可以通过与 A_{i-1} 的通信获得。控制器中的其他变量可以根据智能体 A_i、A_{i-1} 和 A_{i+1} 的状态计算得到。

▶ 5.3.2 稳定性与收敛性证明

> **定理 5.2：**
>
> 对于含有 N 个智能体的多智能体系统，使用液体球启发的虚拟 Leader 编队控制器 [式（5.25）~式（5.27）]，当参数满足 $k_{ri}>0$、$c_{ri}>0$、$r_i>0$、$k_{\theta i}>0$ 和 $c_{\theta i}>0(i=1,2,\cdots,N)$ 时，多智能体系统将收敛到唯一的平衡编队。

证明： 为了证明液体球启发的虚拟 Leader 编队控制方法的收敛性，可以分别证明在式（5.25）~式（5.27）的作用下 d_i 和 $\theta_i(i=2,3,\cdots,N)$ 的收敛性。因此，定理 5.2 的证明可以分解为两个正交方向：半径方向和角度方向。半径方向证明过程与 Leader – Follower 方法相同。此处只需证明角度方向收敛。

由于 Leader – Follower 编队控制方法中，Leader 作为基准，并不受 Follower 的影响，因此在证明过程中有 $\theta_1=0$。由于虚拟 Leader 方法中没有真实的 Leader，因此所有的智能体都受其邻居的影响，因此很难证明每个智能体的角度收敛。本章将从能量的角度,证明角度方向的收敛性。

在角度控制器[式(5.26)]控制下的多智能体系统是一个虚拟的弹簧网络,并满足 $c_{\theta i} > 0$。从能量最小的角度,编队的稳定状态满足

$$\sum_{i=1}^{N} \hat{\theta}_{i+1,i} = 2\pi, k_{\theta i}\hat{\theta}_{i+1,i} = k_{\theta i-1}\hat{\theta}_{i,i-1} \quad \dot{\hat{\theta}}_i = 0 \tag{5.28}$$

由式(5.28)可以得到唯一的平衡角度间隙

$$\hat{\theta}_{i+1,i} = \frac{2\pi}{\displaystyle\sum_{j=1}^{N}\frac{k_{\theta i}}{k_{\theta j}}}(i = 1,2,\cdots,N) \tag{5.29}$$

令 $X_\theta = [\theta_{2,1},\cdots,\theta_{N,N-1},\theta_{1,N},\dot{\theta}_1,\cdots,\dot{\theta}_N]'$。定义 Lyapunov 函数

$$V(X) = \frac{1}{2}\sum_{i=1}^{N}k_{\theta i}(\theta_{i+1,i} - \hat{\theta}_{i+1,i})^2 + \frac{1}{2}\sum_{i=1}^{N}\dot{\theta}_i^2 \tag{5.30}$$

有

$$V(X) \geqslant 0 \tag{5.31}$$

当且仅当 $X = \hat{X}$ 时,$V(X) = 0$。因此,只需证明 $\dot{V}(X) \leqslant 0$。推导过程如下。

$$\dot{V}(X) = \sum_{i=1}^{N}k_{\theta i}\dot{\theta}_{i+1,i}(\theta_{i+1,i} - \hat{\theta}_{i+1,i}) + \sum_{i=1}^{N}\dot{\theta}_i\ddot{\theta}_i$$

$$= \sum_{i=1}^{N}k_{\theta i}\dot{\theta}_{i+1,i}\theta_{i+1,i} - \sum_{i=1}^{N}k_{\theta i}\dot{\theta}_{i+1,i}\hat{\theta}_{i+1,i} +$$

$$\sum_{i=1}^{N}\dot{\theta}_i(k_{\theta i}\theta_{i+1,i} - k_{\theta i-1}\theta_{i,i-1} - c_{\theta i}\dot{\theta}_i)$$

$$= \sum_{i=1}^{N}k_{\theta i}(\dot{\theta}_{i+1} - \dot{\theta}_i)\theta_{i+1,i} - \sum_{i=1}^{N}k_{\theta i}\dot{\theta}_{i+1,i}\hat{\theta}_{i+1,i} + \sum_{i=1}^{N}k_{\theta i}\dot{\theta}_i\theta_{i+1,i} -$$

$$\sum_{i=1}^{N}k_{\theta i-1}\dot{\theta}_i\theta_{i,i-1} - \sum_{i=1}^{N}c_{\theta i}\dot{\theta}_i^2$$

$$= \sum_{i=1}^{N}k_{\theta i}\dot{\theta}_{i+1}\theta_{i+1,i} - \sum_{i=1}^{N}k_{\theta i}\dot{\theta}_i\theta_{i+1,i} + \sum_{i=1}^{N}k_{\theta i}\dot{\theta}_i\theta_{i+1,i} - \sum_{i=1}^{N}k_{\theta i-1}\dot{\theta}_i\theta_{i,i-1} -$$

$$\sum_{i=1}^{N}k_{\theta i}\dot{\theta}_{i+1,i}\hat{\theta}_{i+1,i} - \sum_{i=1}^{N}c_{\theta i}\dot{\theta}_i^2$$

$$= -\sum_{i=1}^{N}k_{\theta i}\dot{\theta}_{i+1,i}\frac{2\pi}{\displaystyle\sum_{j=1}^{N}\frac{k_{\theta i}}{k_{\theta j}}} - \sum_{i=1}^{N}c_{\theta i}\dot{\theta}_i^2$$

$$= -\frac{2\pi}{\displaystyle\sum_{j=1}^{N}\frac{1}{k_{\theta j}}}\sum_{i=1}^{N}\dot{\theta}_{i+1,i} - \sum_{i=1}^{N}c_{\theta i}\dot{\theta}_i^2$$

$$= - \sum_{i=1}^{N} c_{\theta i} \dot{\theta}_i^2$$
$$\leqslant 0$$

当且仅当 $\dot{\theta}_i = \hat{\dot{\theta}}_i$ 时，$\dot{V}(X) = 0$。因此，在角度控制器［式（5.26）］的控制下，多智能体系统角度方向收敛。

虚拟 Leader 的引入，减少了通信连接的数量，降低通信的压力，同时避免出现长机失效整个编队失败的问题。图 5.6 给出液体球启发的 Leader – Follower 方法与虚拟 Leader 方法的通信拓扑对比，可以看出，当编队智能体数量为 N 时，液体球启发的 Leader – Follower 方法需要 $2N-3$ 条通信连接，而液体球启发的虚拟 Leader 法只需要 N 条通信连接。当 $N>3$ 时，虚拟 Leader 方法能够有效降低通信连接的数量。由于两种方法的半径控制器和角度控制器相同，因此注释 5.2.1、5.2.2 和 5.2.3 的结论依然成立。

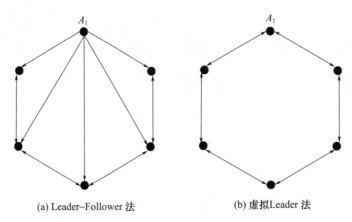

(a) Leader–Follower 法　　　　　　(b) 虚拟Leader 法

图 5.6　Leader – Follower 与虚拟 Leader 方法通信拓扑对比

使用液体球启发的方法，各个智能体由虚拟弹簧网络中不平衡的弹力驱动。在此过程中，弹性势能转化为动能，由于阻力的作用，得到的动能最终被消耗并转化为内能，直到多智能体系统收敛，此时势能最小。这个过程跟液体在表面张力和内部分子力的作用下形成液体球的过程类似。

5.4　任意可行编队队形实现

上述两种编队控制方法是受液体球的启发，但这两种基于拟态物理学的编队控制方法并不局限于实现圆形编队。通过设计虚拟弹簧的参数，可以实现任意可行的编队队形，这里的"可行"编队指二维平面中任意两个智能体的期望位置不重合。要获得任意可行编队,两种方法的参数设计过程基本相同。这里以液体球启发的 Leader – Follower 编队控制方法为例进行分析。

液体球启发的编队控制方法中,虚拟弹簧的弹性系数 $k_{\theta i}$ 不仅是编队控制器的控制参数,它同时决定了期望的目标队形。因此,可以通过设计参数 $k_{\theta i}$ 来实现相应的目标队形。此外,也可以通过调节每个智能体 A_i 的期望半径 r_i 改变期望队形。图 5.7 给出一些不同的期望队形,通过设计不同的弹性系数 $k_{\theta i}$ 或期望半径 r_i 设计不同的编队队形。

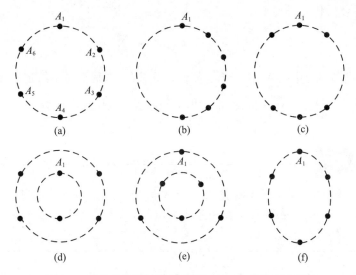

图 5.7　液体球启发的编队控制方法可实现的队形举例

图 5.7 中队形的参数分别为:(a) $k_{\theta 1} = \cdots = k_{\theta 6}$, $r_1 = \cdots = r_6$;(b) $k_{\theta 1} = \cdots = k_{\theta 5} = 5\,k_{\theta 6}$, $r_1 = \cdots = r_6$;(c) $k_{\theta 1} = k_{\theta 3} = k_{\theta 4} = k_{\theta 6} = 4\,k_{\theta 2} = 4\,k_{\theta 5}$, $r_1 = \cdots = r_6$;(d) $k_{\theta 1} = \cdots = k_{\theta 6}$, $2\,r_1 = 2\,r_4 = r_2 = r_3 = r_5 = r_6$;(e) $k_{\theta 1} = \cdots = k_{\theta 6}$, $r_1 = 2\,r_2 = r_3 = 2\,r_4 = r_5 = 2\,r_6$;(f) $k_{\theta 1} = \cdots = k_{\theta 6}$, $r_i = \sqrt{a^2 \cos^2 \theta_i + b^2 \sin^2 \theta_i}$,其中 a 和 b 是椭圆的两个半轴。

事实上,液体球启发的编队控制方法并不局限于实现图 5.7 所示的一些编队。利用该方法可以实现任意可行的编队队形。为了证明这一点,首先给出两个引理。

引理 5.1:

对于在笛卡儿坐标系中由 $N(N < \infty)$ 个智能体预定义的可行编队,如果能够选择一个编队中心 C,使得智能体在以 C 为原点的极坐标系中的坐标为 (r_i, θ_i),并满足 $\theta_i > \theta_j (i > j)$ 和 $r_i > 0$,此时用本章方法可以实现该预定义编队。

如果已知编队中心 C 和所有智能体的期望半径,要实现编队所需要的其他信息只有每个虚拟弹簧的弹性系数$k_{\theta i}(i=1,2,\cdots,N)$，可以利用式$(5.21)$中$k_{\theta i}$和$\theta_i$的关系来确定弹性系数$k_{\theta i}$。首先，将期望的角度$\theta_i(i=1,2,\cdots,N)$代入式$(5.21)$，然后令$k_1=k(k$取决于期望的收敛速度$)$，从而可以得到一个方程组$[$式$(5.32)]$，方程组中有$(N-1)$方程和$(N-1)$个未知数。

$$
\begin{bmatrix}
-k-k_{\theta 2} & k_{\theta 2} & 0 & 0 \\
k_{\theta 2} & -\sum\limits_{i=2}^{3}k_{\theta i} & k_{\theta 3} & 0 \\
\vdots & \vdots & & \vdots \\
0 & 0 & k_{\theta N-1} & -\sum\limits_{i=N-1}^{N}k_{\theta i}
\end{bmatrix}\boldsymbol{X}_1 = \boldsymbol{b}_1 \qquad (5.32)
$$

由于式(5.32)中的$N-1$个方程线性独立，因此方程组对于给定的$\boldsymbol{X}_1$具有唯一的解$\hat{k}_{\theta i}(i=2,3,\cdots,N)$。因此，上述提出的方法可以用来实现引理5.1中期望的编队。

> **引理5.2：**
>
> 对于任意在笛卡儿坐标系中由$N(N<\infty)$个智能体预定义的可行编队，总可以找到一个点C，使得在以C为原点的极坐标系中，所有智能体的位置(r_i,θ_i)满足$\theta_i>\theta_j(i>j)$和$r_i>0$。

用$l_{ij}=\mathrm{S\,pan}\{\mathbf{x}_i,\mathbf{x}_j\}$表示通过智能体$A_i$和$A_j$的直线。$L=\cup l_{ij}$是$O-NE$平面中所有通过任意两个智能体的$C_N^2$条直线的集合，有$C_N^2=\dfrac{N(N-1)}{2}<\infty$。有限条直线$L$不能占据平面$O-NE$内所有的空间$S$，即$S-L\neq\Phi$。在集合$\mathrm{int}(S-L)$中任意一点都可以作为编队中心$C$。因为，所有从$\mathrm{int}(S-L)$中一点发出的射线都不穿过$\{A_i|i=1,2,\cdots,N\}$中的两个智能体。因此，在以$C\in\mathrm{int}(S-L)$原点的极坐标系中，$(r_i,\theta_i)$总满足$r_i>0$，并且当$i\neq j$时$\theta_i\neq\theta_j$。按照$\theta_i$大小重新给智能体编号，即可得到当$i>j$时$\theta_i>\theta_j$。

> **定理5.3：**
>
> 如果智能体的总数是有限的，即满足$N<\infty$，那么可以利用液体球启发的Leader-Follower编队控制器$[$式$(5.3)\sim$式$(5.11)]$实现由N个智能体在笛卡儿平面坐标系中预定义的任意队形编队。

证明：由引理5.1和引理5.2可以直接得到定理5.3。

上述证明过程与 Leader 无关,因此证明过程同样适用于虚拟 Leader 方法。

下面仍以液体球启发的 Leader – Follower 方法为例,给出实现一个可行编队的参数设计步骤。

例 5.4.1:

为实现图 5.8(a) 中在笛卡儿坐标系中定义的编队,使用液体球启发的 Leader – Follower 编队控制方法,控制器参数的设计步骤如下。

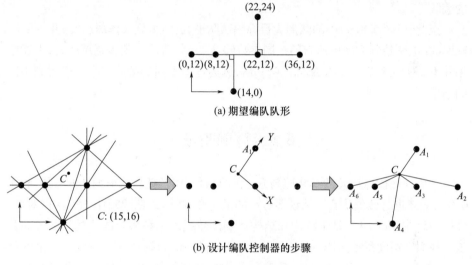

(a) 期望编队队形

(b) 设计编队控制器的步骤

图 5.8 实现任意队形编队的过程

步骤 1:通过任意两个智能体画一条直线 l_{ij},共得到 C_N^2 条直线。从而得到 $L = \cup l_{ij}$。在例 5.4.1 中 $N = 6$,$C_N^2 = 15$。

步骤 2:任意选择一点 $C \in \text{int}(S - L)$,定义 C 为编队中心。在例 5.4.1 中,定义 $C = (15,16) \in \text{int}(S - L)$。

步骤 3:任意选择一个智能体作为 Leader 智能体 A_1,定义编队坐标系 $C - XY$,使得 A_1 位于 CY 轴上。在例 5.4.1 中,选择位于 $(22,24)$ 的智能体作为 A_1。

步骤 4:在编队坐标系 $C - XY$ 中,计算所有智能体的编队半径 r 和角度 θ。按照角度的升序进行编号,使得当 $i > j$ 时 $\theta_i > \theta_j$。在例 5.4.1 中,编号后可以得到

$$X_1 = [\theta_2, \theta_3, \theta_4, \theta_5, \theta_6]'$$
$$= [1.0402, 1.3711, 2.4852, 3.4744, 3.7330]'$$
$$[r_1, r_2, r_3, r_4, r_5, r_6]'$$
$$= [10.6301, 21.3776, 8.0623, 16.0312, 8.0623, 15.5242]'$$

步骤 5：取 $k_1 = k(k>0)$，并将 X_1 代入方程式（5.32），可以得到 $k_{\theta i}(i=2,3,\cdots,N)$ 用 k 表示的表达式。在例 5.4.1 中，可以得到

$$[k_{\theta 1},k_{\theta 2},k_{\theta 3},k_{\theta 4},k_{\theta 5},k_{\theta 6}]' = [k,3.1433k,0.9337k,1.0515k,4.0233kk,0.4079k]'$$

步骤 6：任意选取 $k>0$ 和 $k_{ri}>0(i=2,3,\cdots,N)$。如选择 $k_{ri}=k=1$。阻力系数 c_{ir} 和 $c_{\theta i}$ 根据注释 5.2.1 和注释 5.2.3 进行选取，如选取 $c_{ri}=2\sqrt{k_{ri}}$ 和 $c_{\theta i}=2\sqrt{k_{\theta i}+k_{\theta i-1}}$。

步骤 7：根据编队的初始状态重复步骤 1~4 确定智能体编号和 Leader，即可使用液体球启发的 Leader – Follower 编队控制方法及设计的控制参数实现期望队形的编队。

至此，以图 5.8（a）中的队形为目标编队队形，已经得到液体球启发的 Leader – Follower 编队控制方法中所有的控制参数 $k_{\theta i}$、k_{ri}、r_i、c_{ir} 和 $c_{\theta i}$。值得强调的是，上述结果并不是实现图 5.8（a）中编队的唯一解，因为选择不同的编队中心可以得到不同的结果。

5.5　算例验证

为验证液体球启发的编队控制方法的收敛性，以及任意队形编队的效果，利用 6 个智能体进行数值仿真。为说明方法的优越性，选择文献[25]中的方法做对比。文献[25]中 Murray 等基于图论和结构势场函数提出一种多智能体的编队控制算法。他们使用度量编队图（metric formation graph，MFG）描述一个编队。一个度量编队图是一个三元组 $G=(V_e,\boldsymbol{C},\boldsymbol{D})$，其中 V_e 是智能体的扩展集，$\boldsymbol{C}$ 是连接矩阵（connectivity matrix），$\boldsymbol{D}$ 是距离矩阵（distance matrix）。为了实现期望的编队，他们利用编队的结构约束获得势场函数。本节采用这种编队控制算法作为对比算法，分别给出 Leader – Follower 编队控制方法和虚拟 Leader 编队控制方法的收敛性仿真结果，进一步说明液体球启发的拟态物理学编队控制算法的优越性。

▶ 5.5.1　算例 1：Leader – Follower 方法收敛性

初始时刻，智能体 A_1 ~ A_6 分别静止在（0,10）、（10，−15）、（5，−15）、（0，−15）、（−5，−15）和（−10，−15），其中 A_1 是 Leader，A_2 ~ A_6 是 Follower。为了构成正六边形编队，给定的分散控制器控制参数由式（5.33）给出。

$$k_{ri}=k_{\theta i}=1,c_{ri}=2,c_{\theta i}=2\sqrt{2},r_i=10(i=1,2,\cdots,6) \qquad (5.33)$$

要实现相同的编队，采用 Saber 和 Murray 提出的方法[25]，需要按照图 5.9 所示的结果描述编队的信息结构图和队形结构图。相应的连接矩阵 $\boldsymbol{C}$ 和距离

矩阵 D 由式(5.34)给出。文献[25]中每个智能体的分布式控制器如式(5.35)所示。考虑同样的初始状态,利用文献[25]中给出的控制参数: $\bar{a} = 10, \lambda_1 = \lambda_2 = 0.5$。

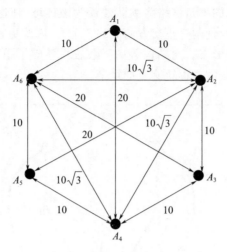

图 5.9　6 个智能体构成正六边形编队时的度量编队图

$$
C = \begin{bmatrix} A_2 & A_4 & A_6 & A_\infty & A_\infty \\ A_1 & A_3 & A_3 & A_5 & A_6 \\ A_2 & A_4 & A_6 & A_\infty & A_\infty \\ A_1 & A_2 & A_3 & A_5 & A_6 \\ A_2 & A_4 & A_6 & A_\infty & A_\infty \\ A_1 & A_2 & A_3 & A_4 & A_5 \end{bmatrix}, D = \begin{bmatrix} 10 & 20 & 10 & \infty & \infty \\ 10 & 10 & 10\sqrt{3} & 20 & 10\sqrt{3} \\ 10 & 10 & 20 & \infty & \infty \\ 20 & 10\sqrt{3} & 10 & 10 & 10\sqrt{3} \\ 20 & 10 & \infty & \infty & \infty \\ 10 & 10\sqrt{3} & 20 & 10\sqrt{3} & 10 \end{bmatrix}
$$

$$
\tag{5.34}
$$

$$
\boldsymbol{a}_i = \frac{\bar{a}}{|J_i|} \sum_{j \in J_i} \lambda_1 \sigma_1 (\| \boldsymbol{x}_i - \boldsymbol{x}_j \| - d_{ij}) \boldsymbol{u}_{ij} - \bar{a}\lambda_2 \sigma_2(v_i) \tag{5.35}
$$

　　仿真过程中,Leader 智能体保持静止,仿真结果如图 5.10 ~ 图 5.12 所示。图 5.10 给出所有智能体的轨迹。其中,虚线是采用文献[25]中方法的智能体轨迹,实线给出的是采用液体球启发的编队控制方法的轨迹。从图 5.10 中可以看出,使用这两种方法多智能体都能收敛到稳定的编队状态,即最终所有的智能体均匀地分布在以(0,0)为圆心、半径为 10m 的圆环上。图 5.11 给出仿真过程中采用液体球启发的 Leader – Follower 编队控制方法时所有 Follower 的半径。可以看出,所有 Follower 的半径均没有超调地收敛到半径为 10m 的圆环上,过渡时间约为 7s。图 5.12 给出采用液体球启发的 Leader – Follower 编队控制方法时所有 Follower 的角度。可以看出,所有 Follower 的角度均能无超调地收敛到平衡值,过渡时间约为9s。

通过对比图5.10中采用两种方法的轨迹,很容易发现使用液体球启发的Leader-Follower方法生成的轨迹比结构势场函数法更加平滑,在现实中更容易实现。因为采用虚拟的弹簧网络将编队建模为液体球,在这种拟态物理学的方法中,每个智能体只收到两个正交方向上的3个力,因此更容易分析多智能体编队收敛过程中的轨迹形态。而结构势场函数法只考虑了距离约束,等效受到多个方向上的力,导致收敛过程轨迹更加复杂。

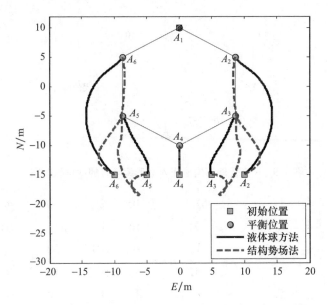

图5.10　液体球启发的Leader-Follower方法与结构势场函数法对比

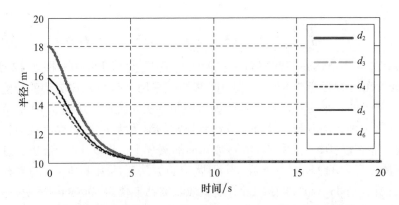

图5.11　使用液体球启发的Leader-Follower方法时半径曲线

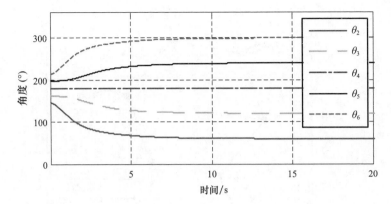

图 5.12　使用液体球启发的 Leader – Follower 方法时角度曲线

5.5.2　算例 2：虚拟 Leader 方法收敛性

考虑更一般的情况，智能体 $A_1 \sim A_6$ 初始时刻分别静止于 $(5,5)$、$(15,-7)$、$(7,-15)$、$(-10,-25)$、$(-5,-10)$ 和 $(-10,0)$。采用液体球启发的虚拟 Leader 编队控制器 [式(5.25)~式(5.27)] 实现一个半径为 10m 的圆形编队。分散控制器的控制参数为

$$k_{ri} = k_{\theta i} = 1, c_{ri} = 2, c_{\theta i} = 2\sqrt{2}, r_i = 10 (i = 1,2,\cdots,6) \tag{5.36}$$

同样使用文献 [25] 中给出的结构势场函数法作为对比。考虑同样的初始条件，使用文献 [25] 中给出的参数 $\bar{a} = 10, \lambda_1 = \lambda_2 = 0.5$。图 5.13 中虚线给出结构势场函数法的收敛轨迹。为了增加结果的可比性，选择结构势场函数法收敛后的编队中心作为液体球启发的虚拟 Leader 方法的编队中心，图 5.13 中实线给出使用液体球启发的虚拟 Leader 编队控制方法时的收敛轨迹。

结果表明，采用两种方法均能获得圆形编队。由于在结构势场函数法中只考虑了距离约束，因此需要更多的通信（多于 $2N-3$）来保证期望编队的唯一性。而液体球启发的虚拟 Leader 方法考虑了距离约束和角度约束，对于 N 个智能体编队，需要 N 个通信连接。当 $N > 3$，液体球启发的虚拟 Leader 编队控制方法需要的通信连接更少。此外，液体球启发的虚拟 Leader 编队控制方法得到的轨迹更加平滑，如图 5.13 中智能体 A_1、A_3 和 A_5 的轨迹所示。

图 5.14 和图 5.15 分别给出仿真过程中使用液体球启发的虚拟 Leader 方法时多智能体之间的角度间隙和半径。结果表明，所有智能体与编队中心的距离均无超调地收敛到 10m。所有的角度间隙均无震荡地收敛到平衡值 $\dfrac{\pi}{3}$。但是角度收敛的过程中存在超调，如图 5.14 中的 $\theta_{3,2}$、$\theta_{4,3}$ 和 $\theta_{1,6}$。

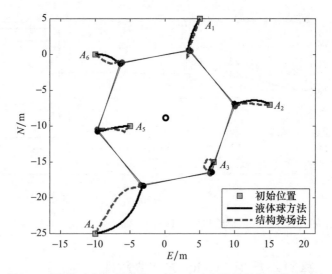

图 5.13　液体球启发的虚拟 Leader 方法与结构势场函数法对比

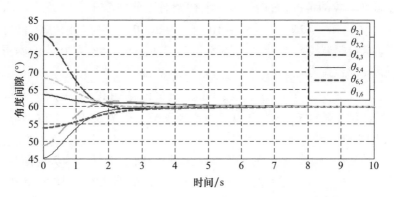

图 5.14　使用液体球启发的虚拟 Leader 方法时的角度间隙

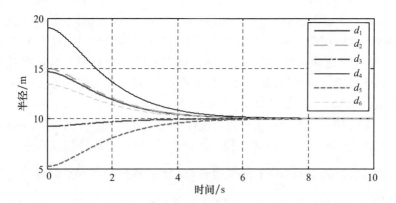

图 5.15　使用液体球启发的虚拟 Leader 方法时的半径

　　此外,液体球启发的拟态物理学方法不需要文献[25]中方法的距离矩阵来描述期望队形,因为期望队形隐含在了编队控制参数[式(5.33)]中。因此,液体球启发的拟态物理学编队控制方法中参数的物理含义比文献[25]中方法的更加明确。此外,通过对比图5.6和图5.9的通信结构图可知,液体球启发的拟态物理学编队控制算法需要更少的通信连接。以上这些优点使得液体球启发的拟态物理学方法更容易在实践中应用。

▶ 5.5.3　算例3:任意可行编队队形实现

　　仿真中分别采用 Leader – Follower 方法和虚拟 Leader 方法实现例5.4.1中的期望编队。所有的智能体初始速度为0,智能体$A_1 \sim A_6$的初始位置分别为(22,24)、(40,25)、(30,10)、(15,10)、(10,0)和(5,20)。在 Leader – Follower 方法中,A_1是 Leader,$A_2 \sim A_6$是 Follower。在虚拟 Leader 方法中所有的智能体都受邻居节点的影响。分别采用两种液体球启发的方法和例5.4.1中给出的控制参数。

　　图5.16 给出了使用 Leader – Follower 方法时例5.4.1 的仿真结果,可以看出,编队最终收敛到例5.4.1中期望的队形,在此过程中 Leader 保持静止,所有 Follower 受到虚拟弹簧网络模型中不平衡力的作用,直到最终收敛。图5.17 给出了使用虚拟 Leader 方法时的仿真结果,可以看出,编队最终收敛到例5.4.1中期望的队形,在此过程中所有智能体都受到不平衡虚拟力的作用,并做出反应,最终收敛。

　　3 个算例的仿真结果表明:液体球启发的 Leader – Follower 编队控制方法和虚拟 Leader 编队控制方法都能够收敛到期望的圆形编队,并且收敛过程比结构势场函数法平缓。此外,两种方法均能实现任意可行队形编队,且所需通信连接数比结构势场函数法少。

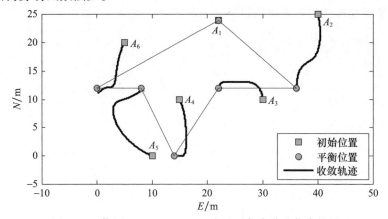

图 5.16　使用 Leader – Follower 方法时任意编队仿真结果

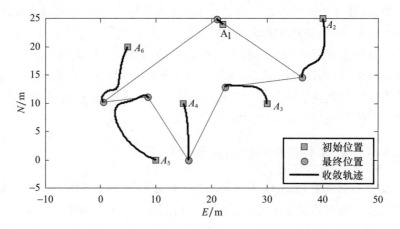

图 5.17　使用虚拟 Leader 方法时任意编队仿真结果

5.6　本章小结

为实现无人机灵活的编队控制,本章提出了液体球启发的拟态物理学编队控制方法。分别考虑有无 Leader 的情况,给出了液体球启发的 Leader – Follower 编队控制方法和液体球启发的虚拟 Leader 编队控制方法及收敛性证明。两种方法均可以实现任意可行队形的编队。仿真结果表明,液体球启发的拟态物理学方法的有效性与结构势场函数法对比,当智能体数量 $N > 3$ 时,使用液体球启发的虚拟 Leader 方法可以降低需要的通信链路数量。此外,基于拟态物理学的思想,液体球启发的编队控制方法计算简单,其参数具有明确的物理意义,使得方法在使用过程中更加容易整定。后续章节将基于本章提出的编队控制方法设计基于拟态物理学的编队重构策略。

第6章 基于拟态物理学的无人机编队重构方法

为了实现编队像液体形变或重组一样进行编队重构,分析液体球启发的编队控制方法的可扩展性和灵活性,进一步提出基于拟态物理学的编队重构方法。针对不同类型的重构问题设计不同的重构策略。通过在线改变分散控制器参数可以实现无碰撞的任务队形变换;通过局部通信重构,可以实现像液体自然融合和拆分一样增减编队中无人机的数量。通过设计虚拟排斥力,实现编队像液体流过或挤过障碍物一样避开障碍。

6.1 基于拟态物理学的编队重构框架

无人机编队重构一般发生在编队保持过程中,包括无人机在编队飞行过程中需要改变原编队的所有情况。主要分为当无人机的任务发生变化时的编队重构,当无人机的数量发生变化时的编队重构、当无人机编队遇到障碍物时的编队重构。考虑这3种主要的重构需求,在液体球启发的编队控制方法中寻找解决思路。

首先简单分析一下液体球启发的编队控制方法的可扩展性和灵活性。由于采用分散式控制结构,在液体球启发的 Leader – Follower 方法中,每个无人机只需要跟 Leader 和两个邻居进行通信;在液体球启发的虚拟 Leader 方法中,每个无人机只需要跟两个邻居进行通信。此外,以典型的圆形编队为例,每架无人机的编队控制参数相同。如有新的无人机加入或有无人机减少时,能够通过重新配置通信拓扑和编队控制参数的复制实现编队的自组织重构。因此,液体球启发的编队控制方法具有良好的可扩展性。

另外,液体球启发的编队控制方法也具有良好的灵活性。首先,第5章已经证明利用液体球启发的编队控制方法能够实现任意可行队形的编队,因此可以利用这种灵活的性质设计编队队形变换策略。此外,利用虚拟弹簧网络描述液体球编队,每架无人机在多个线性力的作用下进行编队。因此,可以利用第4章中基于虚拟力的引导律避障的思想,通过设计额外的虚拟排斥力实现编队的反应式避障。

考虑到液体球启发的编队控制方法的可扩展性和灵活性。引入通信管理和环境观测模块,其中通信管理使得编队具有在线通信重构的能力,环境观测使得编队中的无人机能够在一定范围内探测到周围的障碍。进一步设计基于拟态物理学的无人机编队重构框架,如图6.1所示。

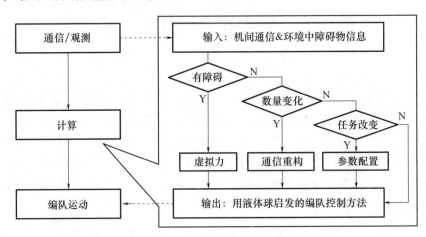

图6.1　基于拟态物理学的编队重构方法框图

根据图6.1给出的编队重构框架,无人机在编队控制的过程中,不断进行基于通信和观测的实时判断。首先根据局部的环境观测判断是否探测到障碍,如果探测到障碍,无人机就根据探测到的局部障碍信息和局部编队状态计算额外的虚拟排斥力,同时利用液体球启发的编队控制方法计算原编队控制量,将两个结果结合进行编队避障重构。如果没有探测到障碍,就根据通信检查编队中无人机数量有无变化,若有变化,则根据具体变化情况对编队进行局部通信重构,从而实现无人机数量发生变化时的编队重构。如果无人机数量没有变化,那么判断编队任务是否发生变化,若编队任务发生改变,则直接根据目标任务重新计算编队参数进行队形变换。下面将进一步给出3种基于拟态物理学的编队重构策略。

6.2　任务变化时的编队重构策略

编队过程中,当无人机的任务发生变化时,需要对编队进行调整。多数情况下需要改变原来的编队队形以适应新的任务。如对于多架巡航编队的无人机,编队的目的或任务是降低燃油消耗,其任务是以最小的能源消耗到达任务区域;当巡航编队到达任务区域时,其目的就是完成指定任务,此时需要将巡航编队变换为指定任务编队。因此,可以将任务发生变化引起的编队重构简化为一个指定的队形变换问题。

▶▶ 6.2.1 任务队形变换策略

已经证明液体球启发的编队控制方法并不局限于实现圆形编队，可以通过设计虚拟弹簧网络参数实现任意可行队形的编队。因此，可以在编队过程中动态调整虚拟弹簧网络参数的方式动态改变编队的队形。例如，在图6.2中，只需要改变一个控制参数$k_{\theta 6}$，即取$k_{\theta 6}=0.2k_{\theta 5}$，即可获得从队形（a）到队形（b）的编队变换；只需取$k_{\theta 2}=k_{\theta 5}=0.25k_{\theta 1}$，即可获得从队形（a）到队形（c）的编队变换；只需取$r_1=r_4=0.5r_2$，即可获得从队形（a）到队形（d）的编队变换；如果将期望半径r_2、r_4和r_6取为原来值的一半，即可获得从队形（a）到队形（e）的编队变换；如果适当减小r_2、r_3、r_5和r_6，即可获得从队形（a）到队形（e）的编队变换。

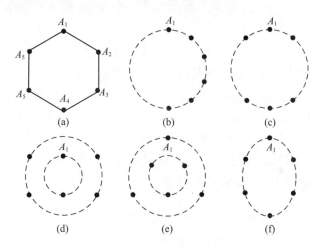

图6.2 队形变换举例

已证明液体球启发的编队控制方法能够实现任意可行编队。在第5章中给出的任意队形实现过程的基础上，给出任务队形变换的编队重构策略如下。

步骤1：用直线l_{ij}连接任意两个无人机，从而获得C_N^2条直线$L=\cup l_{ij}$。

步骤2：选择一个点$C' \in \text{int}(S-L)$，定义C'为目标队形的编队中心。

步骤3：计算每一个无人机的期望半径r_i、极角θ_i和角度间隔$\theta_{i+1,i}$。

步骤4：假设同构无人机之间无区别，对任务队形中无人机进行编号，使得编号与原队形一致。

步骤5：设置参数$k_{\theta 1}>0$，根据队形关系计算$k_{\theta i}$。

步骤6：设置参数$k_{ri}>0$，根据$c_{ri}=2\sqrt{k_{ri}}$和$c_{\theta i}=2\sqrt{k_{\theta i}+k_{\theta i-1}}$计算参数$c_{ri}$和$c_{\theta i}$。

步骤7：利用获得的编队控制参数实现目标队形编队。

▶ 6.2.2 内部碰撞的避免

任务队形变换过程中避免无人机之间的碰撞对整个编队的安全至关重要。为了避免内部碰撞,任务队形变换的编队重构策略中的步骤 4 保证队形变换过程中不会出现无人机轨迹交叉的情况。此外,由于液体球启发的方法基于虚拟网络模型,在该模型中,任何能够导致碰撞的运动都会受到虚拟弹簧力(力矩)和虚拟阻力的阻碍作用。因此在主动队形变换中,两个稳定状态之间进行队形变换时,通过参数整定,能够实现队形的无超调收敛,从而也能够有效避免编队内部的碰撞。

6.3 无人机数量变化时的编队重构策略

当编队中无人机的数量发生变化时,需要改变原来的队形以适应无人机数量的变化。数量的变化包括两种情况:一种是数量减少;另一种是数量增加。例如,多架无人机编队覆盖轰炸一个区域时,当一架无人机损毁之后,若要最大限度地覆盖目标区域就需要对无人机编队的队形进行重构,即要求无人机编队具有一定的抗毁性。另外,当无人机编队中增加新的无人机时,同样需要进行队形重构,即要求编队控制方法具有一定的可扩展性。以圆形编队为例,分别给出无人机数量增加和减少时的编队重构策略。

▶ 6.3.1 数量增加时的编队重构策略

液体球启发的拟态物理学编队控制方法使用分散式控制结构,使得该方法具有良好的可扩展性,容易实现向编队中动态增加无人机。对于一个圆形编队,所有无人机的虚拟弹簧和虚拟角度弹簧分别具有相同的参数。当希望将编队外另一个无人机加入到现有编队时,对于原编队系统需要做的只是改变新加入无人机附近的局部通信拓扑结构,不用完全破坏原来稳定的编队。也不需要改变原编队中任何无人机的编队控制参数。

1. 基于虚拟 Leader 方法的重构策略

首先给出使用液体球启发的虚拟 Leader 编队控制方法时的重构方法。假设主动加入编队的无人机已知虚拟 Leader 的信息并具有一定的观测能力,能探测到离其最近的两架无人机。下面给出使用液体球启发的虚拟 Leader 编队控制方法时的重构策略。

步骤 1：定义邻居，新加入无人机将探测到最近的两个无人机定义为邻居。

步骤 2：通信重构，在新加入的无人机与其两个邻居之间建立通信连接。

步骤 3：参数复制，将邻居的编队控制参数复制给新加入的无人机。

步骤 4：通信精简，停止两个邻居之间的数据通信。

步骤 5：编队收敛，由拓扑重构得到新的虚拟弹簧网络使编队重新收敛。

2. 基于 Leader – Follower 方法的重构策略

在液体球启发的 Leader – Follower 编队控制方法中增加了 Leader 到所有 Follower 的通信。这里假设新加入的无人机已知编队中的 Leader，且具有一定的观测能力，能探测到最近的两个无人机。下面给出使用液体球启发的 Leader – Follower 编队控制方法时的重构策略。

步骤 1：定义邻居，新加入无人机将探测到最近的两个无人机定义为邻居。

步骤 2：通信重构，在新加入的无人机与其两个邻居和 Leader 之间建立通信连接。

步骤 3：参数复制，将邻居的编队控制参数复制给新加入的无人机。

步骤 4：通信精简，停止两个邻居之间的数据通信。

步骤 5：编队收敛，由拓扑重构得到新的虚拟弹簧网络使编队重新收敛。

增加一个无人机时，基于虚拟 Leader 方法和 Leader – Follower 方法的重构策略相似，只是步骤 2 通信重构有所区别。图 6.3 中的（a）和（b）分别给出了基于虚拟 Leader 方法和 Leader – Follower 方法的重构策略示意图。

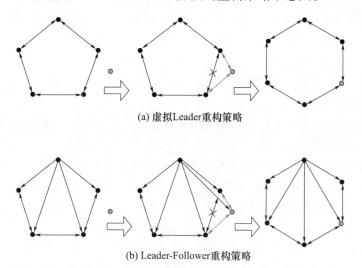

(a) 虚拟Leader重构策略

(b) Leader-Follower重构策略

图 6.3　增加一个无人机时的编队重构示意图

▶ 6.3.2 数量减少时的编队重构策略

分散的控制结构也使得液体球启发的编队控制方法容易实现从编队中动态减少无人机。在圆形编队中,所有无人机的虚拟弹簧和虚拟角度弹簧分别具有相同的参数。与增加一个无人机类似,欲从编队中减少一个无人机,只需要对原编队系统进行局部通信重构,不需要改变原编队中其他无人机的编队控制参数。

1. 基于虚拟 Leader 方法的重构策略

首先给出使用液体球启发的虚拟 Leader 编队控制方法时的重构方法。假设希望第 i 架无人机 A_i 脱离编队,下面给出使用液体球启发的虚拟 Leader 编队控制方法时的重构策略。

步骤1:通信重构,在 A_i 的两个邻居,即 A_{i-1} 和 A_{i+1} 之间建立通信链接。

步骤2:脱离编队,脱离编队的无人机开始下降或爬升,在高度上与编队错开,避免发生碰撞。

步骤3:通信脱离,无人机脱离编队之后,停止与编队中原邻居无人机之间的通信。

步骤4:编队收敛,由拓扑重构得到新的虚拟弹簧网络使编队重新收敛。

2. 基于 Leader - Follower 方法的重构策略

与虚拟 Leader 方法相比,液体球启发的 Leader - Follower 方法中增加了 Leader 到所有 Follower 的通信。同样假设希望第 i 架无人机 A_i 脱离编队,下面给出使用液体球启发的 Leader - Follower 编队控制方法时的重构策略。

步骤1:通信重构,在 A_i 的两个邻居,即 A_{i-1} 和 A_{i+1} 之间建立通信链接。

步骤2:脱离编队,脱离编队的无人机开始下降或爬升,在高度上与编队错开,避免发生碰撞。

步骤3:通信脱离,无人机脱离编队之后,停止与编队中原邻居无人机和 Leader 之间的通信。

步骤4:编队收敛,由拓扑重构得到新的虚拟弹簧网络使编队重新收敛。

减少一个无人机时,基于虚拟 Leader 方法和 Leader - Follower 方法的重构策略相似,只是步骤3通信脱离有所区别。图6.4(a)、(b)分别给出了基于虚拟 Leader 方法和 Leader - Follower 方法的重构策略示意图。

从针对无人机数量增减的拟态物理学重构策略中可以看出,通过简单的局部通信重构,就可以使编队像液体球自然融合和拆分一样增减编队中无人机的数量。

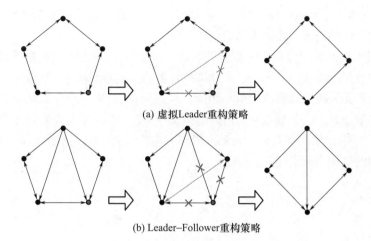

(a) 虚拟Leader重构策略

(b) Leader–Follower重构策略

图 6.4　减少一个无人机时的编队重构示意图

6.4　遇到障碍物时的编队重构策略

当无人机编队的环境发生变化时,无人机编队需要进行编队重构。如探测到环境中出现障碍物时,无人机编队需要实时改变队形以避免与障碍物发生碰撞。当无人机编队通过障碍物区域时,编队又要恢复到原来的任务编队。在避障重构的过程中,也要避免编队内部无人机之间发生碰撞。下面基于液体球启发的编队控制方法给出两种拟态物理学编队避障重构策略。首先假设无人机具有局部观测能力,即:

假设:

　　所有的无人机都装备了相应的传感器,如激光雷达,能够在运动方向 ±90° 内探测到一定距离内的障碍物。当无人机探测到障碍物后,能够获得障碍物表面的一系列点 $P_o = \left\{ (d_o, \theta_o) \mid d_o \leqslant R_d, -\dfrac{\pi}{2} < \theta_o < \dfrac{\pi}{2} \right\}$。其中,$\theta_o$ 以顺时针为正方向,R_d 是传感器的测量半径。

6.4.1　挤压式避障重构策略

考虑 Leader 能够避开障碍,所有 Follower 没有环境的任何先验信息,但已知 Leader 可以规避所有的障碍。一个合理的思路是当 Follower 探测到障碍时,向

Leader 的正后方的编队中心靠拢以避开障碍。基于这种向内挤压的思想,给出基于拟态物理学的挤压式避障重构策略。

如图 6.5 所示,当 Follower 探测到本地障碍物后,不难在本地视角下从探测的点集P_o中找出最左侧点$p_{ol} = (d_{ol}, \theta_{ol})$和最右侧的点$p_{or} = (d_{or}, \theta_{or})$。用$d_{omin}$表示传感器测量到无人机离障碍物的最小距离。根据障碍物、无人机和编队中心的相对位置设计沿图 6.5 中 Y 轴或 $-Y$ 轴的虚拟排斥力F_o,使得无人机受到向编队中心轨迹靠拢的挤压力。考虑所有的无人机具有单位质量,可以按照式(6.1)计算由于障碍物的排斥力所引起的加速度a_o。

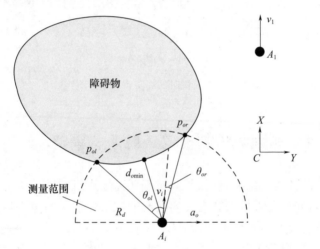

图 6.5　基于拟态物理学的挤压式避障策略示意图

$$a_o = (1 + \alpha v_{ix}) k_o l_o \tag{6.1}$$

式中:v_{ix}为第 i 个无人机沿 X 轴的速度分量;$\alpha \in [0,1]$ 为可调参数;$k_o = \dfrac{r_i \cdot k_{ir}}{r_c}$为排斥系数;$r_c$为无人机与障碍物之间安全距离参数;$l_o$可以按照下面的方式计算。

若 $\theta_i \in [0, \pi)$,则

$$l_o = \begin{cases} d_{ol}\sin(\theta_{ol}) - r_c, & \theta_{ol} < 0 \\ d_{omin} - 2r_c, & 0 \leqslant \theta_{ol} < \dfrac{\pi}{2}, d_{ol} < 2r_c \\ 0, & \text{其他} \end{cases} \tag{6.2}$$

若 $\theta_i \in [\pi, 2\pi)$,则

$$l_o = \begin{cases} d_{or}\sin(\theta_{or}) + r_c, & \theta_{or} > 0 \\ 2r_c - d_{omin}, & -\dfrac{\pi}{2} < \theta_{or} \leqslant 0, d_{or} < 2r_c \\ 0, & \text{其他} \end{cases} \tag{6.3}$$

此时,可以用计算得到的 a_o 改进液体球启发的 Leader – Follower 编队控制方法[式(5.9)~式(5.11)],即可得到基于拟态物理学的挤压式避障方法如下。

$$a_{ir} = k_{ri}(r_i - d_i) - c_{ri}\dot{d}_i - d_i\omega_i^2 \tag{6.4}$$

$$a_{i\theta} = k_{\theta i}d_i\theta_{i+1,i} - k_{\theta i-1}d_i\theta_{i,i-1} - c_{\theta i}d_i\omega_i \tag{6.5}$$

$$\boldsymbol{a}_i = \begin{bmatrix} \cos(\theta_i + \chi_1) & \sin(\theta_i + \chi_1) \\ -\sin(\theta_i + \chi_1) & \cos(\theta_i + \chi_1) \end{bmatrix} \begin{bmatrix} a_{i\theta} \\ a_{ir} \end{bmatrix} + \begin{bmatrix} a_o\cos(\chi_1) \\ -a_o\sin(\chi_1) \end{bmatrix} \tag{6.6}$$

挤压式避障重构策略能够使编队像液体一样从两个障碍之间挤过。这种策略下,编队始终作为一个整体从一个方向绕开障碍,不能从障碍两侧绕过。即使障碍物非常小,无论障碍物与无人机的相对位置如何,无人机始终靠向编队中心的轨迹,这种策略在一些情况下会降低编队避障的效率。

6.4.2　流体式避障重构策略

为提高编队避障的效率,考虑第 4 章中轨迹跟踪过程中避障的虚拟排斥力,设计一种流体式避障重构策略。

如图 6.6 所示,当无人机探测到本地障碍后,在点集 P_o 中找出最左侧点 $p_{ol} = (d_{ol}, \theta_{ol})$ 和最右侧的点 $p_{or} = (d_{or}, \theta_{or})$。在流体式避障策略中,无人机受到障碍物的排斥力方向与 Leader 或虚拟 Leader 无关,只取决于自身的状态和探测到障碍物的信息。在流体式避障策略中设计额外的虚拟排斥力,只改变无人机的航向,不改变无人机的速度。在没有任何先验信息的条件下,应该根据探测到的障碍物的信息,选择一个能够快速避障的方向绕过障碍物。最合理的避障策略是选择 $|\theta_{or}|$ 和 $|\theta_{ol}|$ 中较小的一个方向绕过障碍,即当 $|\theta_{or}| \leqslant |\theta_{ol}|$ 时设计向右的虚拟排斥力,当 $|\theta_{or}| > |\theta_{ol}|$ 时设计向左的虚拟排斥力。

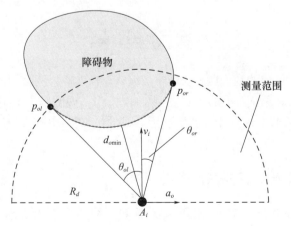

图 6.6　基于拟态物理学的液体式避障策略示意图

同样考虑单位质量假设,由虚拟排斥力引起的避障加速度a_o可通过式(6.7)和式(6.8)计算。

$$a_o = k_o l_o \tag{6.7}$$

$$l_o = \begin{cases} -(d_{saf} + v\theta_{ol}), & \theta_{or} + \theta_{ol} \leqslant 0, d_{saf} + v\theta_{ol} > 0 \\ (d_{saf} - v\theta_{or}), & \theta_{or} + \theta_{ol} > 0, d_{saf} - v\theta_{or} > 0 \\ 0, & \text{其他} \end{cases} \tag{6.8}$$

式中:k_o为排斥力系数;v为无人机速度大小;d_{saf}为安全距离参数。多数情况下,与障碍物发生碰撞对无人机是灾难性的。因此排斥力系数k_o应该远大于虚拟弹簧系数k,即$k_o \gg k$。

得到的避障加速度a_o可以对液体球启发的编队控制方法进行改进。以基于液体球启发的虚拟 Leader 编队方法为例,流体式避障方法可以表示为

$$a_{ir} = k_{ri}(r_i - d_i) - c_{ri}\dot{d}_i - d_i\omega_i^2 \tag{6.9}$$

$$a_{i\theta} = k_{\theta i}d_i\theta_{i+1,i} - k_{\theta i-1}d_i\theta_{i,i-1} - c_{\theta i}d_i\omega_i \tag{6.10}$$

$$\boldsymbol{a}_i = \begin{bmatrix} \cos\theta_i & \sin\theta_i \\ -\sin\theta_i & \cos\theta_i \end{bmatrix}\begin{bmatrix} a_{i\theta} \\ a_{ir} \end{bmatrix} + \begin{bmatrix} a_o\cos(\psi_i) \\ -a_o\sin(\psi_i) \end{bmatrix} \tag{6.11}$$

编队避障过程中避免无人机之间的碰撞对整个编队的安全至关重要。由于液体球启发的方法基于虚拟网络模型,在该模型中,任何能够导致内部碰撞的运动都会受到虚拟弹簧力(力矩)和虚拟阻力的阻碍作用,这在一定程度上降低了编队避障过程中内部碰撞的风险。此外,值得指出的是挤压式避障策略和流体式避障策略中虚拟排斥力的设计并不唯一,也可以有其他设计。本章给出的两个设计能够说明液体球启发的拟态物理学编队控制方法的灵活性,及其在编队避障方面的应用潜力。

6.5 算例验证

为验证本章给出的基于拟态物理学的编队重构策略,分别给出任务队形变换、增加一个无人机和编队避障的仿真算例。此外,为了说明基于拟态物理学编队控制方法的性能,在任务队形变换和增加无人机的仿真算例中与结构势场函数法进行对比。

▶ 6.5.1 算例1:任务队形变换

首先给出在静止状态下,采用虚拟 Leader 的方法无人机编队从六边形编队变化到三角形编队的仿真结果。初始状态为 6 个无人机分别静止并平均分

布在半径为 10m 的圆环上,位置向量 $\boldsymbol{p}_1$ 到 $\boldsymbol{p}_6$ 分别为 $(0,10)$、$(5\sqrt{3},5)$、$(5\sqrt{3},-5)$、$(0,-10)$、$(-5\sqrt{3},-5)$ 和 $(-5\sqrt{3},5)$,虚拟中心为 $(0,0)$。液体球启发的编队控制器的初始参数为

$$k_{ri} = k_{\theta i} = 1, c_{ri} = 2, c_{\theta i} = 2\sqrt{2}, r_i = 10 (i = 1,2,\cdots,6) \tag{6.12}$$

为获得三角形编队,使用液体球启发的编队控制方法,只需要将 A_2、A_4 和 A_6 的期望半径设置为 5m,其他参数保持不变。此时,新的配置参数使得编队变得不平衡。虚拟弹簧 S_{r2}、S_{r4} 和 S_{r6} 的不平衡力将迫使编队重新达到新的平衡状态,收敛到三角形编队。图 6.7(a) 给出编队从正六边形变换为三角形的仿真结果。可以看出,新的编队在 $t=6$s 时重新达到平衡,整个过程中 d_2、d_4 和 d_6 没有超调或震荡。此外,A_1、A_3 和 A_5 在整个过程中保持静止。

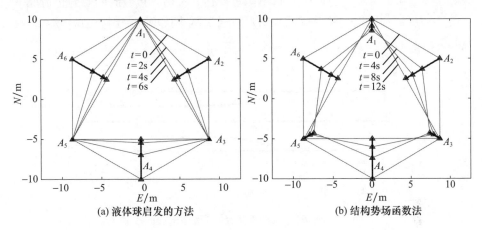

(a) 液体球启发的方法　　　　　　(b) 结构势场函数法

图 6.7　静止条件下的队形变换仿真结果

用结构势场函数法获得同样的队形变换,需要重新配置整个距离矩阵,新的距离矩阵为

$$\boldsymbol{D}_{\text{new}} = \begin{bmatrix} 5\sqrt{3} & 15 & 5\sqrt{3} & \infty & \infty \\ 5\sqrt{3} & 5\sqrt{3} & 5\sqrt{3} & 15 & 5\sqrt{3} \\ 5\sqrt{3} & 5\sqrt{3} & 15 & \infty & \infty \\ 15 & 5\sqrt{3} & 5\sqrt{3} & 5\sqrt{3} & 5\sqrt{3} \\ 15 & 5\sqrt{3} & 5\sqrt{3} & \infty & \infty \\ 5\sqrt{3} & 5\sqrt{3} & 15 & 5\sqrt{3} & 5\sqrt{3} \end{bmatrix} \tag{6.13}$$

此时,需要对结构势场函数法的所有分布式控制器进行重新配置,因为距离矩阵中所有的行均发生了变化(比较 $\boldsymbol{D}_{\text{new}}$ 和 $\boldsymbol{D}$)。考虑相同的初始条件,利用文献[25]中给出的推荐参数: $\bar{a}=10$ 和 $\lambda_1=\lambda_2=0.5$。采用结构势场函数法的仿真

结果如图 6.7(b)所示。新的编队在 $t=12s$ 时达到平衡。可以看出，A_2、A_4 和 A_6 无超调地收敛到期望的位置，但是 A_1、A_3 和 A_5 并没有保持静止，而是首先被拉向圆内，然后又收敛到原来的位置。相对于液体球启发的编队控制方法而言，对无人机 A_1、A_3 和 A_5 的额外调整可能消耗更多的能量，这是实际应用中不希望看到的结果。

为了说明对无人机 A_1、A_3 和 A_5 的额外调整带来的问题，给出两种方法编队运动情况下的仿真结果对比。仿真过程中均使用 Leader – Follower 的编队模式，即 Leader 不受 Follower 的影响。图 6.8 给出使用液体球启发的编队控制方法的仿真结果。在变换之前，6 个稳定编队的无人机沿 E 轴以 $v=5m/s$ 的速度运动，控制参数同式(6.12)。当 $t=4s$ 时，将无人机 A_2、A_4 和 A_6 的期望极径变为 $r_2=r_4=r_6=5m$。这时新的编队变得不平衡，在虚拟弹簧力的作用下，编队可以达到新的平衡。如图 6.9 所示，在 $t=10s$ 时，编队重新达到平衡。过渡时间与静止情况下一致，仍为 6s。此外，过渡时间的长短可以通过减小或增大控制参数 $k_{ir}(i=2,4,6)$ 来实现。

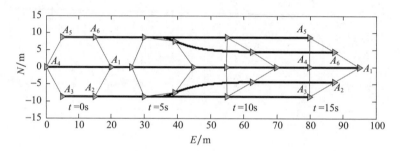

图 6.8   液体球启发的编队控制算法实现队形变换

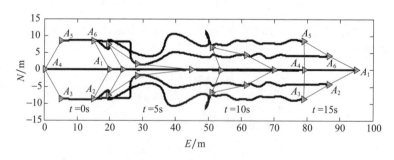

图 6.9   结构势场函数法实现队形变换

使用结构势场函数法时，由于 Leader 不再受邻居的作用，原推荐参数仿真效果不佳，经仿真调试，使用参数 $\bar{a}=50$、$\lambda_1=0.9$、$\lambda_2=0.1$ 时，可以得到较好的仿真效果，如图 6.9 所示。但由于 Leader 不受 Follower 的作用，使得仿真结果不如静止状态。可以看出，所有的 Follower 在收敛之前都有超调和震荡。对比

图 6.8 和图 6.9 可知,使用液体球启发的编队控制方法能够获得更加平滑的队形变换轨迹。

由仿真结果可知,与传统的结构势场函数法相比,液体球启发的编队控制方法在编队队形变化方面设计更灵活,实现更简单,过渡过程更平滑。

▶ 6.5.2 算例 2:无人机数量变化

为验证液体球启发的编队控制方法的可扩展性,分别给出使用虚拟 Leader 方法和 Leader – Follower 方法向原编队中增加一个无人机的仿真结果。

首先使用虚拟 Leader 方法,向静止的编队中增加一个无人机。初始编队中,5 个无人机平均分布在半径为 10m 的圆环上。位置向量 p_1 到 p_5 分别位于 $(0,10)$、$\left(10\sin\left(\dfrac{2\pi}{5}\right),10\cos\left(\dfrac{2\pi}{5}\right)\right)$、$\left(10\sin\left(\dfrac{4\pi}{5}\right),10\cos\left(\dfrac{4\pi}{5}\right)\right)$、$\left(10\sin\left(\dfrac{6\pi}{5}\right),10\cos\left(\dfrac{6\pi}{5}\right)\right)$ 和 $\left(10\sin\left(\dfrac{8\pi}{5}\right),10\cos\left(\dfrac{8\pi}{5}\right)\right)$。要加入编队的无人机 A_a 初始位置为 $(20,5)$。

虚拟 Leader 的位置为 $(0,0)$。液体球启发的分布式控制器的初始参数为

$$k_{ri} = k_{\theta i} = 1, c_{ri} = 2, c_{\theta i} = 2\sqrt{2}, r_i = 10 (i = 1,2,\cdots,5) \tag{6.14}$$

为了将 A_a 加入编队,分别在 A_a 与最近的两个无人机 A_2、A_3 之间建立通信连接,并将 A_2 和 A_3 的控制参数复制给 A_a。进一步切断 A_2 和 A_3 之间的通信。此时,A_a 可以在不改变原编队中任何参数的情况下加入编队。

图 6.10(a) 给出使用液体球启发的虚拟 Leader 方法将 A_a 加入到静止圆形编队的过程。新无人机的加入破坏了原编队的平衡,此时,虚拟弹簧网络中的不平衡力将迫使新的编队渐进收敛到新的稳定状态。图 6.10(a) 的过程与向液体球中增加新的液体十分类似。因此,使用液体球启发的编队控制方法,可以很灵活地向编队中增加新的无人机,只需要对局部通信拓扑进行重新配置。

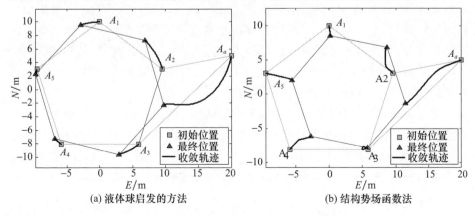

(a) 液体球启发的方法　　　　　　　(b) 结构势场函数法

图 6.10　静止编队中增加无人机的仿真结果

尽管结构势场函数法[25]也能实现类似的向编队中增加无人机,但是需要根据目标队形重新设计连接矩阵 **C** 和距离矩阵 **D**。此时,所有的分布式控制器参数都会因为 **C** 和 **D** 的改变发生变化。考虑相同的初始条件,利用文献[25]中推荐的参数:$\bar{a}=10, \lambda_1=\lambda_2=0.5$。仿真结果如图 6.10(b) 所示。比较之后发现,液体球启发的编队控制方法生成的收敛轨迹更加平滑,尤其是图 6.10 中 A_3 的轨迹。

进一步给出向运动的编队中增加无人机的仿真结果。仿真中使用 Leader – Follower 模式。在增加无人机之前,稳定编队的 5 个无人机沿 E 轴以 $v=5\mathrm{m/s}$ 的速度运动,控制参数为

$$k_{ri}=1, k_{\theta i}=2, c_{ri}=2, c_{\theta i}=4, r_i=10(i=1,2,\cdots,5) \qquad (6.15)$$

图 6.11 给出向原编队中动态增加一个无人机 A_a 的过程。当 $t=5\mathrm{s}$ 时,在无人机 A_a 和距离最近的两个无人机 A_2、A_3 和 Leader 之间建立通信连接,并将 A_2 和 A_3 的控制参数复制给 A_a。进一步切断无人机 A_2 和 A_3 之间的通信。这时新的编队变得不平衡,在不对称的虚拟表面张力和不平衡的虚拟分子力的作用下,新的编队很快达到新的平衡状态。

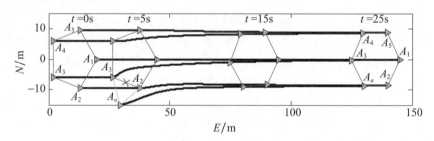

图 6.11 液体球启发的方法各运动编队名增加无人机的仿真结果

仿真过程中不用改变原来编队中无人机的任何控制参数。如图 6.11 所示,新的编队约在 $t=25\mathrm{s}$ 时重新达到平衡状态。过渡时间约为 20s。值得指出的是,过渡时间的长短同样可以通过整体减小或增大控制参数 $k_{\theta i}$ 和 k_{ri} 来实现。仿真结果表明,利用液体球启发的拟态物理学方法,很容易实现向运动的编队中动态添加新的无人机,并且在这个过程中不需要改变原有编队的任何控制参数,所要做的只是局部更改编队的通信拓扑结构。

通过重新设计连接矩阵 **C** 和距离矩阵 **D**,并进行切换,结构势场函数法[25]也能实现类似的效果,但设计实现过程比较复杂。图 6.12 给出了相应的仿真结果(仿真参数为:$\bar{a}=50, \lambda_1=0.9, \lambda_2=0.1$)。对比可知,液体球启发的编队控制方法更容易实现,对原编队中的无人机参数改变更小,且收敛过程中没有振荡,得到的无人机轨迹更加平滑。

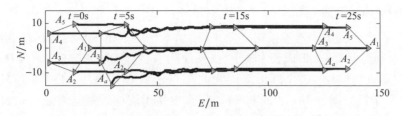

图 6.12　结构势场函数法向运动编队中增加无人机的仿真结果

6.5.3　算例 3：障碍规避

1. 挤压式避障

为了验证挤压式避障策略的效果，给出 6 个无人机编队避障的仿真结果。在遇到障碍之前，由 6 个无人机组成的稳定圆形编队以 $v = 2\mathrm{m/s}$ 的速度沿 E 轴匀速直线运动，两个半径为 10m 的圆形障碍物分别位于 $(30, -15)$ 和 $(40, 15)$ 处。采用式 $(6.4) \sim$ 式 (6.6) 给出的避障修正算法。相应的控制参数分别为

$$k_{ri} = k_{\theta i} = 2, c_{ri} = 2\sqrt{2}, c_{\theta i} = 4, r_i = 10 (i = 1, 2, \cdots, 6)$$
$$R_d = 3, r_c = 1, \alpha = 0.5 \tag{6.16}$$

图 6.13 给出了 6 个无人机编队避障的仿真结果。仿真过程中，Leader 保持 $v = 2\mathrm{m/s}$ 的速度直线运动，且能避开障碍；Leader 两侧的 A_2、A_3 和 A_5、A_6 探测到本地障碍物之后，在虚拟排斥力的作用下向 Leader 的轨迹方向收缩以避开障碍，当绕过障碍之后，又收敛到原编队队形。图 6.13 中 6 个无人机能够像液体球一样从两个圆形障碍物之间挤过。仿真结果表明，使用基于拟态物理学的挤压式避障策略，无人机编队可以像液体挤过狭窄区域一样避障。

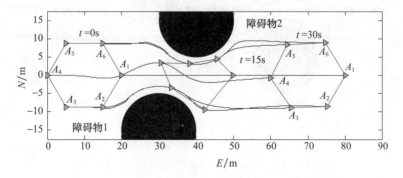

图 6.13　基于拟态物理学的挤压式避障方法仿真结果

2. 流体式避障

为了验证流体式避障策略的效果,给出 6 个无人机编队避障的仿真结果。初始时刻稳定的编队形成正六边形,虚拟编队中心沿 E 轴正方向以 $v_c = 1\text{m/s}$ 的速度匀速直线运动。3 个圆形障碍物的圆心分别位于 $(30, -15)$、$(40, 15)$ 和 $(70, 5)$,半径分别为 10m、9m 和 8m。仿真中使用流体式避障方法[式(6.9)~式(6.11)],相应的控制参数分别为

$$k_{ri} = k_{\theta i} = 0.2, c_{ri} = 2\sqrt{0.2}, c_{\theta i} = 2\sqrt{0.4}, r_i = 10 (i = 1, 2, \cdots, 6)$$
$$k_o = 10, R_d = 3, d_{\text{saf}} = 2 \tag{6.17}$$

图 6.14 给出基于拟态物理学的流体式避障方法仿真结果,6 个无人机组成的编队可以灵活地避开障碍。首先,当 A_2 和 A_3 探测到障碍物 1 时,设计的虚拟排斥力迫使 A_2 和 A_3 向左转弯机动以达到避开障碍物 1 的目的;类似地,障碍物 2 的虚拟排斥力迫使 A_5 和 A_6 向右转向机动避障。从而 6 个无人机组成的编队可以从障碍物 1 和障碍物 2 之间的狭窄缝隙里挤过。当探测到障碍物 3 时,A_1 和 A_4 因排斥力而向右转向机动,A_5 和 A_6 因排斥力而向左转向机动。最终所有的无人机从障碍物 3 的两侧绕过。在仿真过程中,所有的无人机因其邻居的运动而做出反应式运动,从而避免内部碰撞的发生。最终,整个编队不仅可以像流体挤过较窄的区域一样避开障碍,也可以向流体一样从一个障碍的两侧流过。

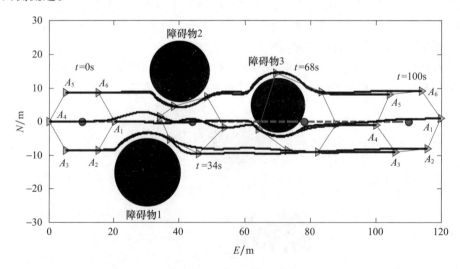

图 6.14 基于拟态物理学的液体式避障方法仿真结果

6.6　本章小结

为实现灵活的编队重构,本章设计了基于拟态物理学的编队重构方法。针对 3 种类型的编队重构问题,分别设计了任务变化时、无人机数量变化时和编队遇到障碍时的编队重构策略。数值仿真证明了利用基于拟态物理学的编队重构策略,通过在线设计分散控制器参数,可以实现无碰撞的任务队形变换;通过局部通信重构,可以实现像液体自然融合和拆分一样增减编队中无人机的数量;通过设计虚拟排斥力,可以实现编队像液体流过或挤过障碍物一样避开障碍。本章提出的基于拟态物理学的编队重构方法将在后续章节进行实现和验证。

第7章　无人机编队控制与重构试验

为进一步验证前文给出的理论方法,开展无人机编队控制及重构试验。首先设计试验系统,包括基于 X – Plane 飞行模拟软件的硬件在回路仿真系统和基于多架"天行者"无人机的编队飞行试验系统。硬件在回路仿真系统和飞行试验系统中使用相同的自驾仪和地面控制站。飞行试验结果表明,经过硬件在回路仿真验证的方法和自驾仪可以直接移植到飞行试验系统,经过一些参数微调即可实现无人机编队飞行。为了控制试验成本,充分利用硬件在回路仿真系统分别对本书给出的基于虚拟力的引导律、液体球启发的编队控制方法、基于拟态物理学的编队重构方法进行试验验证。

7.1　无人机编队试验系统设计及测试

首先设计基于 X – Plane 的硬件在回路仿真系统和基于多架"天行者"无人机的飞行试验系统。两套系统公用部分硬件,如自动驾驶仪、地面控制站等,这使得经过硬件在回路仿真系统充分测试的方法和硬件可以直接应用于飞行试验中。

▶ 7.1.1　硬件在回路仿真系统设计

为了降低试验成本,加快新方法从理论走向应用的过程,设计了多无人机编队飞行硬件在回路仿真系统,系统分为四部分:X – Plane、交换机、网络化自驾仪和地面控制站。

1. X – Plane 仿真软件

硬件在回路仿真系统基于商用飞行模拟软件 X – Plane10.0 设计,X – Plane10.0 可以用于高精度预测固定翼或旋翼飞机的飞行品质,因此该模拟软件经常被飞行员用于飞行训练,被工程师用于测试新机型的性能,被控制工程师用来测试飞行控制算法。X – Plane10.0 飞行模拟软件具有如下特点。

(1)逼真的飞机模型。X – Plane10.0 获得了美国联邦航空管理局的认证,可以提供高度逼真的飞机模型,因此使用 X – Plane10.0 获得的仿真结果更具有说服力。

（2）丰富的飞机模型数据库。用户可以从很多网站下载各种有人机或无人机的模型，并且可以利用 X – Plane10.0 提供的工具进行修改。此外，用户也可以利用 X – Plane10.0 制作自己的飞机模型。

（3）逼真的环境模型。X – Plane10.0 可以模拟各种天气环境，可以调节风速风向，调整云层覆盖，设置雾天、雨天等。

（4）可视化。X – Plane10.0 软件界面显示效果逼真，支持在一个显示器上同时最多显示 20 架飞机，并且可以不借助外部软件实现数据的记录。

（5）支持 UDP 通信。X – Plane10.0 可以通过 UDP（user datagram protocol）协议与外部进程或其他机器通信。与 TCP 协议相比，使用 UDP 协议占用更小的带宽，当通信量随着无人机的数量增加时更具有优势。

图 7.1 给出了 X – Plane10.0 仿真软件的显示界面。在硬件在回路系统中，X – Plane10.0 提供飞机的运动学和动力学模型，根据控制器的控制量生成相应的速度、位置、姿态、线加速度和角加速度等信息。

图 7.1　X – Plane10.0 飞行模拟软件界面

2. 自动驾驶仪

为了验证新的控制方法，开发的自动驾驶仪（简称自驾仪）如图 7.2 所示。自驾仪中集成了两个 ARMCortex – M4 处理器，主频为 168MHz。其中一个处理器负责处理单个无人机的飞行控制任务，另一个处理器可用于处理更加复杂的任务，如规划、编队控制、编队避障、编队重构等。除了上述双处理器，自驾仪还包括如下硬件资源：4 个串口、2 个以太网口、3 个 SPI 接口、2 个 CAN 总线。丰富的接口设计支持与各种外围设备的通信。例如，在实际飞行试验系统用一个串口连接导航设备，一个以太网口连接数据通信设备，CAN 总线可以用于舵机驱动信号的传输等。然而在硬件在回路仿真系统中，上述接口只用到一个以太网口与地面控制站和 X – Plane 仿真软件进行 UDP 通信。

图 7.2　自驾仪硬件

经过数字仿真验证的控制算法可以用 C 语言在自驾仪中编程实现。设计的硬件在回路仿真系统的各种接口和协议与实际飞行试验系统中完全一致。因此,当算法在自驾仪中通过硬件在回路仿真验证之后,可以快速应用于实际的飞行试验验证系统中进行飞行试验测试。

3. 地面控制站

地面控制站是无人机系统的一个必要组成部分。图 7.3 给出了硬件在回路仿真系统和飞行试验系统中的地面控制站软件界面。该控制站不仅可以提供第三视角的飞行状态显示,包括无人机姿态和速度,以及由 GPS 给出的无人机飞行轨迹,而且支持各种飞行设定的在线配置,预定轨迹的编辑,仿真,飞行数据记录和分析等。最重要的是该地面控制站支持基于 UDP 网络的多无人机管理。这种网络化的地面控制站与支持网络通信的自驾仪结合能够更加高效地开展多无人机编队相关算法的试验验证。

图 7.3　地面控制站软件界面

4. 硬件在回路仿真系统

上述的 X – Plane 仿真软件、自驾仪和地面控制站都支持 UDP 网络通信,用一个交换机将上述 3 个部分连接在一起,就可以构成硬件在回路仿真系统。系统的连接关系如图 7.4 所示,信息流向由图 7.5 给出。所有的无人机和地面控制站通过交换机连接在一起,所有的无人机可以直接相互通信,地面站可以监视和管理网络中所有的无人机。因此,该硬件在回路仿真系统可以用于验证各种通信拓扑的编队控制算法。

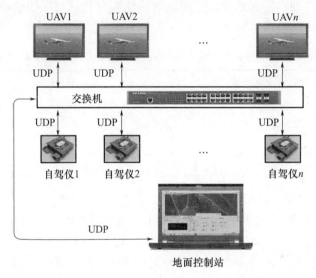

图 7.4　硬件在回路仿真系统各部分连接关系

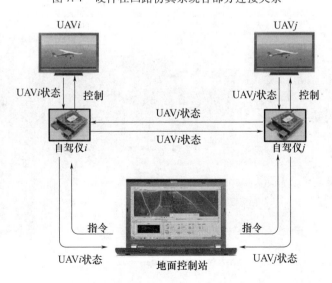

图 7.5　硬件在回路仿真系统的通信关系

硬件在回路仿真系统中各个组成部分与真实飞行试验系统中的软硬件对应关系如表 7.1 所列。用 X – Plane 代替了实际飞行试验系统中的无人机平台、各种传感器和外部环境,用交换机代替了实际飞行试验系统中的数据通信电台,使用真实飞行试验系统中的自驾仪和地面控制站,从而构建高保真的硬件在回路仿真系统。算法在应用于实际系统之前可以在硬件在回路仿真系统中进行充分的测试,一些暴露的算法问题和工程问题可以提前得到分析和解决。由于硬件在回路仿真系统与实际飞行试验系统中使用了相同的自驾仪硬件和地面控制站,经过硬件在回路仿真系统充分测试的算法和自驾仪可以快速应用于实际的系统,能够降低试验成本。

表 7.1　硬件在回路仿真系统与真实系统的对应关系

硬件在回路仿真试验系统	真实系统
X – Plane10.0	无人机 + 传感器 + 外部环境
交换机	数据电台
自驾仪	自驾仪
地面控制站	地面控制站

图 7.6 给出了实际搭建的硬件在回路仿真系统,主要包括 6 个自驾仪、7 台计算机和 1 台交换机,其中 6 台计算机为 Intel NUC,搭载 Intel(R) Core(TM) i3 – 3217U 处理器,内存为 8GB,每台 Intel NUC 运行 1 个 X – Plane10.0 模拟 1 架无人机,其余 1 台计算机(ThinkPad X230)运行地面控制站软件。搭建的硬件在回路仿真系统最多可以支持 6 架无人机编队试验。

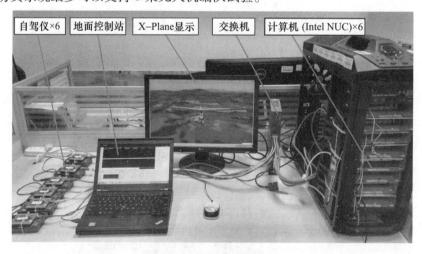

图 7.6　硬件在回路仿真系统

7.1.2　飞行试验系统设计

由表 7.1 可知,飞行试验系统中使用与硬件在回路系统中相同的自驾仪硬件和地面控制站软件。因此,用实际的无人机平台、传感器代替 X - Plane 软件,用数据电台代替交换机,即可构建完整的飞行试验系统。

1. 无人机平台

选用"天行者"无人机作为试验平台,该平台是一种小型电动固定翼无人机,采用后推式上单翼结构。"天行者"无人机的详细技术参数如表 7.2 所列。

图 7.7　"天行者"无人机平台

表 7.2　"天行者"无人机参数

指标	参数
机长	1180mm
翼展	1680mm
翼面积	35.5dm^2
最大起飞质量	1800g
飞行速度	15~20m/s
起降方式	手抛起飞/机腹擦地降落

2. 集成传感器模块

飞行控制系统中选用 iFLY - G2 导航模块,iFLY - G2 是由 iFLY 无人机团队开发的第二代小型 6 自由度组合导航系统,提供 GPS/INS、AHRS/DR 两种组合导航模式。iFLY - G2 包含三轴陀螺、三轴加速度计、三轴磁场计、GPS 模块、气压高度计、空速计和温度计,提供实时的姿态角、四元数、三维角速率、三维位置、三维速度、三维加速度、轨迹航向、轨迹倾角、真空速、校正空速和 UTC 时间等信息。iFLY – G2 为无人机的稳定和控制提供精确和全面的测量信息。在 GPS 信息有效时,自动切换到 GPS/INS 组合导航模式,提供位置、速度、姿态等信息;在 GPS 信息无效时,自动切换到 AHRS/DR 模式(包含航位推算的姿态航向参考系统)。

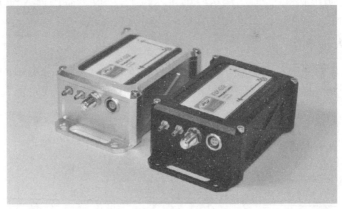

图 7.8　集成传感器模块 iFLY – G2

3. 数据通信电台

选用 Microhard nVIP 2400 作为无人机与地面控制站之间以及无人机之间的数据通信电台。Microhard nVIP 2400 传输频率为 2.4GHz,接口支持串口通信和以太网口通信,带宽为 54Mb/s。地面控制站和每架无人机各配备一个 Micro-hardnVIP 2400 电台,从而组成一个无线通信网络,使得所有的无人机之间和无人机与地面控制站之间都能直接相互通信。

图 7.9　Microhard nVIP 2400 通信电台

4. 飞行控制系统

使用硬件在回路仿真系统中的自驾仪和上述的集成传感器模块、通信电台,以及舵机、电调和遥控接收机即可构建无人机的飞行控制系统,飞行控制系统的组成框图如图 7.10 所示。

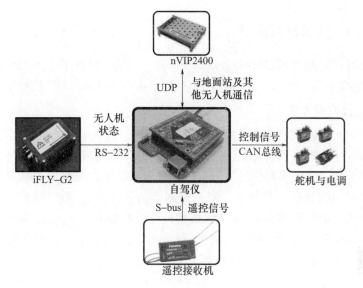

图 7.10　飞行控制系统的组成框图

利用 3 架"天行者"无人机平台,每架无人机都安装上述飞行控制系统,结合地面控制站和遥控器,即可构建一套完整的飞行试验系统,如图 7.11 所示。

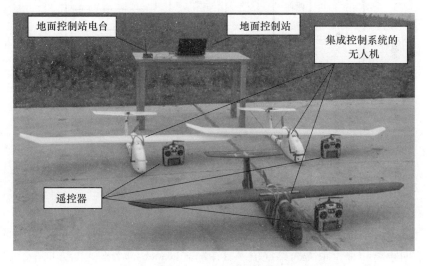

图 7.11　飞行试验系统

▶ 7.1.3 试验系统测试

利用相对成熟的控制理论设计编队控制算法对系统进行测试,测试算法包括基于自抗扰控制的飞行控制方法和基于 PID 的 Leader – Follower 编队控制方法。

1. 飞行控制方法

设计的无人机底层控制框图如图 7.12 所示。首先利用自抗扰控制设计无人机姿态和速度控制器,自抗扰控制技术对实际问题中模型的不确定性、外部干扰以及模型的非线性等问题具有较好的控制效果。第 3 章给出了基于 ADRC 的无人机底层控制器设计并分析了姿态控制器的鲁棒性。在此基础上,采用 PID 控制设计无人机外环控制律,使无人机可以跟踪期望航向角 χ_d、期望飞行轨迹角 γ_d 和期望速度 V_d。在编队系统测试中,每架无人机只需跟踪由编队控制律给出的期望航向角、期望飞行轨迹角和期望速度。

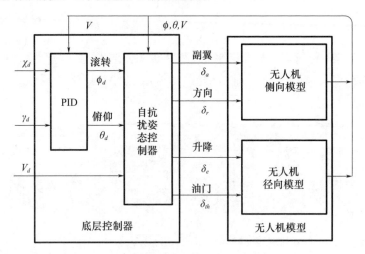

图 7.12　无人机底层控制框图

2. 编队控制测试算法

采用 Leader – Follower 的思想,基于 PID 控制设计编队控制器。图 7.13 给出了编队控制律框图。图中 l_c、f_c 和 h_c 分别表示 Follower 相对 Leader 的侧向距离、前向距离和垂直距离的设定值。其中 f_c 与 Leader 的水平速度方向平行,l_c 在水平面内与 f_c 垂直,以 Leader 的右侧为正,h_c 垂直指向下。采用 PID 控制,根据侧向距离误差 l_e、前向距离误差 f_e 和垂直距离误差 h_e,即可设计 Follower 的编队控制器。编队过程中,这种 Leader – Follower 编队只需给出侧向距离、前向距离和垂直距离的设定值。

3. 硬件在回路仿真系统测试

利用设计的硬件在回路仿真系统进行仿真,选用 PT60 遥控飞机模型。硬件在回路仿真中令 Leader 跟踪一个预定的四边形航线路径,参考路径的设定高度为海拔 300m,无人机期望速度设定为 20m/s。两个 Follower 相对于 Leader 的期望位置分别为 $l_c = 10\mathrm{m}, f_c = -10\mathrm{m}, h_c = 0$ 和 $l_c = -10\mathrm{m}, f_c = -10\mathrm{m}, h_c = 0$。

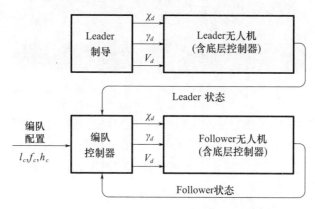

图 7.13　Leader–Follower 编队控制律框图

图 7.14 给出硬件在回路仿真中 3 架无人机编队的地面控制站显示状态。从给出的结果可以看出 3 架无人机可以稳定地编队飞行,并且地面控制站可以同时监视和管理 3 架无人机。为更清晰地给出 X–Plane 中显示的编队飞行品质,通过地面控制站调整编队参数,将编队间距由 10m 缩短为 $l_c = 2\mathrm{m}, f_c = -5\mathrm{m}$,$h_c = 0$ 和 $l_c = -2\mathrm{m}, f_c = -5\mathrm{m}, h_c = 0$,图 7.15 给出 3 架无人机编队飞行的 X–Plane 截屏。可以看出,3 架无人机在同一海拔高度上形成稳定的紧密编队。

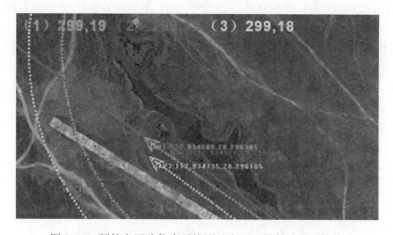

图 7.14　硬件在回路仿真系统测试中地面控制站显示轨迹

图 7.15　硬件在回路仿真系统测试中的 X – Plane 显示界面

　　编程实现的编队控制方法和飞行控制方法首先在硬件在回路仿真系统中进行测试。测试过程中暴露的各种问题可以提前进行修正。通过充分的硬件在回路试验测试,一方面可以测试算法各种条件下的性能,另一方面可以发现并修正算法本身和编程过程中产生的一些错误。

4. 飞行试验系统测试

　　由于设计的飞行试验系统和硬件在回路仿真系统中使用相同的自驾仪硬件,因此经过硬件在回路仿真验证的自驾仪和集成的控制方法可以快速移植到飞行试验系统中,进而开展外场编队飞行试验测试。编队飞行试验中,使用 2 架"天行者"无人机。Leader 先后跟踪设定的圆形路径和四边形路径。Leader 参考速度设定为 15m/s,飞行高度设定为海拔 100m;Follower 编队参数设置为 $l_c = 0$, $f_c = -50$m, $h_c = 15$。飞行试验中地面控制站同时监视和管理 2 架"天行者"无人机。图 7.16 给出了地面控制站中实时显示的 2 架无人机的飞行轨迹。可以看出,无论 Leader 盘旋机动还是沿四边航线飞行,Follower 都能较好地跟随,并形成编队。但是由于试验中使用的无人机成本较低,结构刚度差,抗风能力差,导致形成的编队控制精度低于硬件在回路仿真。

图 7.16　编队飞行试验过程中地面控制站显示轨迹

图 7.17 给出了 2 架无人机编队飞行试验过程中从地面拍摄的视频截图。图 7.18 给出了编队过程中 Follower 视角看 Leader 的视频截图。从试验结果中可以看出,2 架无人机可以形成稳定的编队。试验过程中发现,经过硬件在回路仿真充分测试的自驾仪可以直接应用在编队飞行试验中,要实现真实无人机的编队飞行只需要对部分控制参数进行在线调整。

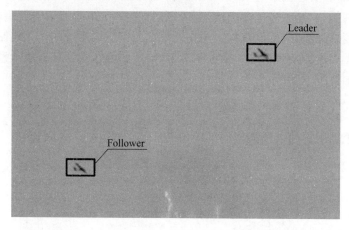

图 7.17　飞行试验中 2 架无人机编队的地面视角

图 7.18　Follower 视角看 Leader 的图像

可见,硬件在回路仿真系统中 X – Plane 能够逼真地模拟实际情况,包括无人机的模型和外部环境。经过硬件在回路仿真验证的方法能够很快地应用到实际飞行中。随着无人机数量的增加,外场飞行试验将需要大量的人力、物力资源保障。为了降低成本,提高效率,后续过程中主要采用高逼真的硬件在回路仿真系统对算法进行验证。

7.2 拟态物理学方法的工程实现

上述拟态物理学方法均基于简化的无人机运动学模型或双积分模型提出、分析和证明,若要应用于真实的无人机编队系统,需要进一步针对工程实现进行试验设计。例如,基于虚拟力的轨迹和路径跟踪引导律能够获得期望转向速率和期望速度,因此结果可以直接应用在硬件在回路仿真系统的无人机制导层,进一步求出无人机的期望姿态。根据图7.19给出的滚转角计算方法示意图,在侧滑角很小的情况下,有

$$mg\tan\phi = m\frac{v^2}{r} = mv\omega \tag{7.1}$$

进而可以根据引导律求出期望的滚转角

$$\phi_c = \arctan\frac{v\,\omega_c}{g} \tag{7.2}$$

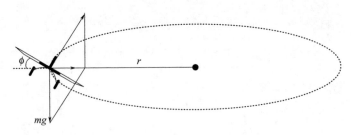

图7.19 期望滚转角计算方法示意图

俯仰角可以由基于PID控制的高度保持器计算得到。

液体球启发的编队控制方法和基于拟态物理学的编队重构方法给出的控制量是无人机的期望加速度。为在硬件在回路试验中应用,需要进一步设计。由第2章中无人机模型分析及简化的过程可知,当不考虑输入约束时有

$$v_c = v + \Delta t \cdot a_f$$
$$\omega_c = \frac{a_l}{v} \tag{7.3}$$

式中:Δt 为自驾仪实现时的控制周期。从而可以由双积分模型导出无人机的简化运动学模型,进一步考虑式(7.2)给出的关系可得

$$\phi_c = \arctan\frac{a_l}{g} \tag{7.4}$$

硬件在回路仿真过程中发现,由于控制频率不能太小,如自驾仪实现的控制频率为50Hz,则控制周期 $\Delta t = 0.02$,这导致式(7.3)中每个控制周期的速度增量

非常小,超出了速度跟踪的控制精度范围,使得无人机在纵向无法按照期望正常编队。为解决该工程问题,试验中仍利用液体球启发的拟态物理学编队控制方法给出的前向加速度 a_f,将式(7.3)中的速度增量放大,即由式(7.5)计算所有 Follower 的期望速度。

$$v_c = v + \alpha \Delta t \cdot a_f \tag{7.5}$$

式中:α 为速度增量放大倍数。试验过程中发现取 $\alpha = 50$ 时,能够获得较为理想的试验效果。

无人机的底层控制仍采用基于 ADRC 的方法。下面主要基于硬件在回路仿真系统对相关算法进行试验验证。

7.3　无人机路径跟踪试验

针对基于虚拟力的轨迹和路径跟踪引导律,选择路径跟踪问题进行硬件在回路试验验证。首先在自驾仪中实现基于虚拟力的路径跟踪引导律,利用硬件在回路仿真系统对引导律进行试验验证。试验中分别考虑有无障碍时的直线路径、圆形路径和变曲率曲线路径跟踪问题。

7.3.1　无障碍时路径跟踪

首先不考虑障碍规避问题,验证基于虚拟力的路径跟踪引导律,测试引导律在直线、圆形和变曲率曲线跟踪中的性能。

1. 直线路径跟踪

试验中考虑不同的控制参数,分别验证第 4 章给出的关于参数 k 和 c 选取的结论。无人机的参考直线路径为沿纬度 28.1842 向东,参考速度为 25m/s,海拔高度为 100m,试验中无人机的滚转角限制在 ±45° 以内。用(经度,纬度,航向)表示无人机的状态,其中航向以北向为 0°,顺时针增加,取值范围为[0°,360°)。3 组试验中的控制参数和无人机初始状态如表 7.3 所列。

表 7.3　直线跟踪时的控制参数和无人机初始状态

试验次序	控制参数	初始状态
试验 1	$k = 0.1, c = \sqrt{k} \approx 0.32$	$(113.2158, 28.1835, 118.3°)$
试验 2	$k = 0.1, c = 2\sqrt{k} \approx 0.65$	$(113.2158, 28.1835, 119.0°)$
试验 3	$k = 1, c = 2\sqrt{k} = 2$	$(113.2158, 28.1836, 119.3°)$

图 7.20 给出 3 组试验中侧偏距收敛曲线。其中,试验 1 中得到的侧偏距曲线由虚线给出,可以看出,当 $k=0.1,c=\sqrt{k}<2\sqrt{k}$ 时,侧偏距收敛过程中存在幅值约为 10m 的超调。试验 2 中得到的侧偏距曲线由实线给出,可以看出,当 $k=0.1,c=2\sqrt{k}\approx0.65$ 时,侧偏距无超调地收敛。试验 1 和试验 2 的结果与第 4 章中图 4.6 和图 4.8 的仿真结果吻合。试验 3 中得到的侧偏距曲线由图 7.20 中的点划线给出,可以看出,当 $k=1,c=2\sqrt{k}=2$ 时,侧偏距也可以无超调地收敛,并且收敛速度比试验 2 快。试验 2 和试验 3 的对比结果与第 4 章中图 4.7 的仿真结果吻合。尽管实际系统中存在输入约束,但试验 3 中无人机跟踪直线的过程中并没有产生明显的超调和震荡,与图 4.9 相比,试验中初始误差较小,使得收敛过程中,尤其是无人机接近直线时,引导律的输出并没有超出无人机的输入约束。图 7.20 中的试验结果进一步证明:基于虚拟力的引导律具有较好的参数适应性,可以通过调节参数 k 调节收敛速度;当参数满足 $c\geq2\sqrt{k}$ 时,能够无超调收敛。

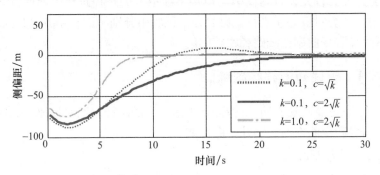

图 7.20 直线路径跟踪硬件在回路仿真侧偏距曲线

四边形航线是无人机应用中最基本的航线形式之一。在直线跟踪的基础上,测试基于虚拟力的引导律在四边形路径跟踪中的性能。设定四边航线的 4 个航路点分别为 (113.2152,28.1842)、(113.2223,28.1842)、(113.2223,28.1797) 和 (113.2152,28.1797)。飞行海拔高度为 100m,参考速度为 25m/s,试验中无人机的滚转角限制在 ±45° 以内。按照表 7.3 给出的参数进行 3 组试验,图 7.21 给出四边航线的跟踪结果。可以看出 3 组参数均能用于四边形路径跟踪,且跟踪效果与图 7.20 中直线跟踪的结果类似。参数满足 $c\geq2\sqrt{k}$ 时,无超调收敛,k 越大收敛速度越快,相应地,无人机的姿态也越大。因此,在实际的应用中,需要综合考虑收敛速度和无人机姿态限制的需求选择合适的参数 k。

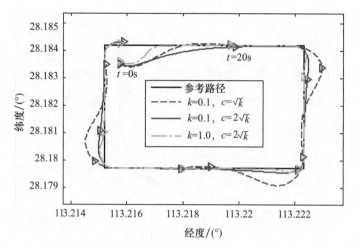

图 7.21　四边航线路径跟踪硬件在回路仿真结果

2. 圆形路径跟踪

直线跟踪试验中考虑了不同的控制参数,验证了第 4 章给出的关于参数 k 和 c 选取的结论。圆形路径跟踪试验中主要考虑固定控制参数时,3 种不同的初始状态下无人机对圆形路径的跟踪效果。控制参数设定为 $k = 0.1, c = 2\sqrt{k} \approx 0.65$。参考路径的圆心的经纬度坐标为 $(113.220774, 28.17966)$,半径为 300m,参考速度为 25m/s,海拔高度为 100m,试验中无人机的滚转角限制在 $\pm 30°$ 以内。3 组试验中无人机初始位置均为 $(113.2260, 28.1802)$,初始航向角分别为 $263.9°$、$174.4°$ 和 $96.8°$。

图 7.22 给出参考路径和 3 组试验中无人机的实际轨迹。其中,第一组试验中得到的无人机实际轨迹由虚线给出,可以看出,当初始航向角为 $263.9°$ 时,无人机可以快速收敛到期望的参考圆形轨迹上,但有与无人机滚转姿态饱和的限制,在收敛前有轻微超调。第二组试验中得到的无人机实际轨迹由实线给出,可以看出,当初始航向角为 $174.4°$ 时,无人机能够收敛到参考圆形路径上,收敛过程相对于第一组试验更加平滑,无人机没有出现大机动转弯的情况。第三组试验中得到的无人机实际轨迹由点划线给出,可以看出,当初始航向角为 $96.8°$ 时,无人机一开始远离参考圆形路径的圆心,在虚拟力的作用下逐步转向,最终收敛到参考路径上。图 7.23 给出 3 组试验中侧偏距收敛曲线,结果与图 7.22 吻合。3 组试验给出的结果都适用于实际的无人机应用。因此,基于虚拟力的路径跟踪方法能用于无人机在不同的初始条件下的圆形路径。

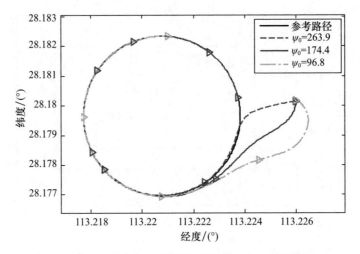

图 7.22　不同初始条件下圆形路径跟踪硬件在回路仿真轨迹

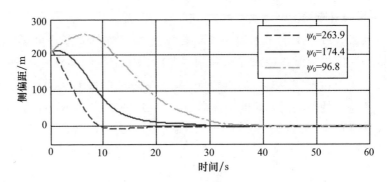

图 7.23　不同初始条件下圆形路径跟踪硬件在回路仿真侧偏距

3. 变曲率曲线路径跟踪

前面直线和圆的曲率都是固定的,这里测试基于虚拟力的引导律对变曲率曲线的跟踪效果。第 4 章中指出,基于虚拟力的引导律在跟踪变曲率曲线时性能优于 NLGL 方法,图 4.18 的数值仿真结果也验证了这一点,从数值仿真中的结果可以看出,当曲率发生变化时,特别是曲率跳变时 NLGL 方法有较大的跟踪误差,而基于虚拟力的方法无性能下降。在本试验中主要考虑曲率跳变的情况下方法的性能。参考变曲率曲线为由两个相切圆组成的“8”字航线,两个圆的圆心分别为(113.2259,28.2022)和(113.2310,28.2022),半径均为250m。无人机在每次经过切点时切换参考圆,从而得到变曲率“8”字参考路径。参考速度为25m/s,海拔为100m。试验过程中控制参数设定为 $k=0.1,c=2\sqrt{k}\approx0.65$,无人机的初始状态为(113.2229,28.2038,58.2°)。

　　图7.24给出"8"字航线的跟踪结果,结果中包括两次曲率变化时的跟踪结果。可以看出,无人机能够在基于虚拟力的引导律的作用下实现稳定的"8"字飞行,且能在曲率发生跳变时快速稳定地跟踪不同的参考圆形路径。图7.25给出"8"字航线跟踪过程中的侧偏距曲线。可以看出,整个过程中侧偏距都维持在较小的水平,由于该结果包含了曲率切换过程中工程近似和无人机底层控制产生的误差,在第一次曲率跳变时,侧偏距幅值最大为3.97m,第二次曲率跳变时,侧偏距幅值最大为1.95m。尽管如此,硬件在回路试验中基于虚拟力方法的侧偏距幅值仍明显小于数值仿真中NLGL的结果。可见,基于虚拟力的引导律可有效用于1阶可微但2阶不可微的变曲率曲线跟踪。

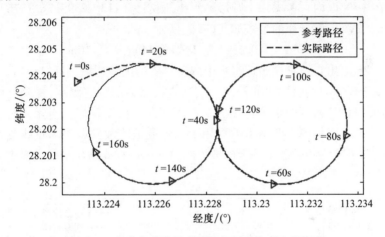

图7.24　变曲率曲线跟踪硬件在回路仿真飞行轨迹

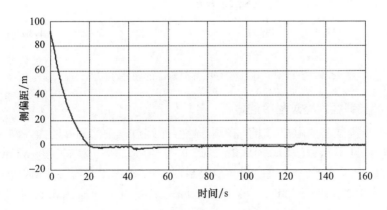

图7.25　变曲率曲线跟踪硬件在回路仿真侧偏距

▶ 7.3.2 有障碍时路径跟踪

考虑参考路径穿过事先未知的障碍,验证基于虚拟力的路径跟踪引导律的障碍规避能力。分别测试引导律在直线、圆形和变曲率曲线跟踪过程中的避障性能。

1. 直线路径跟踪过程中避障

首先考虑直线路径跟踪过程中的障碍规避。无人机的参考直线路径为沿着纬度28.1976向东,参考速度为25m/s,海拔高度为100m,试验中无人机的滚转角限制在±30°以内。考虑一个圆形障碍物,圆心为(113.22395,28.1976),半径为100m。试验中引导律的参数如式(7.6)所示。

$$k = 0.1, c = 0.65, k_o = 2, R_d = 200\text{m}, d_{saf} = 10\text{m} \tag{7.6}$$

图7.26给出直线路径跟踪过程中规避障碍的试验结果。可以看出,无人机首先在基于虚拟力的引导律的控制下实现直线路径的稳定跟踪,探测到障碍物之后,在实时计算得到的虚拟排斥力的作用下向右机动避障。当无人机绕过圆形障碍之后,在虚拟弹力和阻力的作用下无超调地收敛到期望的直线参考路径上。试验结果进一步验证了基于虚拟力的引导律在直线路径跟踪过程中的障碍规避能力。

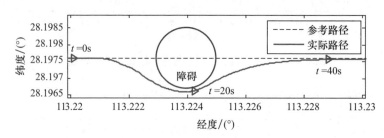

图7.26 直线路径跟踪过程中实时避障的硬件在回路试验结果

2. 圆形路径跟踪过程中避障

进一步测试基于虚拟力方法在圆形路径跟踪过程中的避障能力。参考路径的圆心经纬度坐标为(113.2259,28.2022),半径为250m,参考速度为25m/s,海拔高为100m,试验中无人机的滚转角限制在±30°以内。考虑一个圆形障碍物,圆心为(113.22845,28.2022),半径为50m。试验中引导律的参数如式(7.7)所示。

$$k = 0.1, c = 0.65, k_o = 1, R_d = 100\text{m}, d_{saf} = 10\text{m} \tag{7.7}$$

图7.27给出圆形路径跟踪过程中规避障碍的试验结果。可以看出,无人机首先在基于虚拟力的引导律作用下实现圆形路径的稳定跟踪,在探测到障碍物

之后,在实时计算得到的虚拟排斥力的作用下向左机动避障。当无人机绕过圆形障碍之后,在虚拟弹力和阻力的作用下无超调地收敛到原来的期望圆形路径上。试验结果进一步验证了基于虚拟力的引导律在圆形路径跟踪过程中的障碍规避能力。

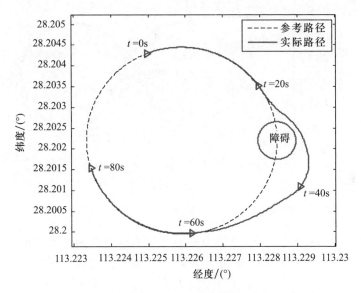

图 7.27　圆形路径跟踪过程中避障硬件在回路试验结果

3. 变曲率曲线跟踪过程中避障

考虑使用基于虚拟力的引导律跟踪变曲率曲线过程中的障碍规避性能。与无障碍的变曲率曲线跟踪试验类似,试验中主要考虑曲率跳变的情况。参考变曲率曲线为由两个相切圆组成的“8”字航线,两个圆的圆心分别为(113.2259, 28.2022)和(113.2310,28.2022),半径均为250m。无人机在每次经过切点时切换参考圆,从而得到变曲率“8”字参考路径。参考速度为25m/s,海拔高度为100m,试验中无人机的滚转角限制在±30°以内。考虑一个圆形障碍物,圆心为(113.22845,28.2022),半径为50m。试验中引导律的参数如式(7.7)所示。无人机的初始状态为(113.2209,28.2011,77.5°)。

图 7.28 给出变曲率曲线路径跟踪过程中规避障碍的试验结果。可以看出,无人机首先在基于虚拟力的引导律作用下收敛到期望的参考路径上,当探测到障碍物之后,在实时计算得到的虚拟排斥力的作用下向左机动避障。当无人机绕过圆形障碍之后,在虚拟弹力和阻力的作用下无超调地收敛到原“8”字航线的另一个参考圆上;当无人机再一次探测到障碍时,在实时计算得到的虚拟排斥力的作用下向右机动避障。当无人机绕过圆形障碍之后,在虚拟弹力和阻力的

作用下无超调地收敛到原"8"字航线的左侧参考圆上。试验结果进一步验证了基于虚拟力的引导律在变曲率曲线路径跟踪过程中的障碍规避能力。

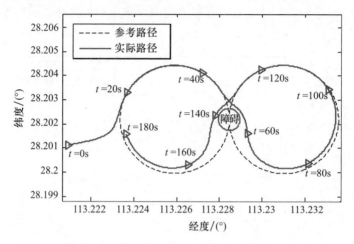

图 7.28　变曲率曲线跟踪过程中避障硬件在回路试验结果

　　上述试验结果表明,基于虚拟力的引导律不仅可以用于无人机的路径跟踪问题,包括直线、圆和变曲率曲线的跟踪,也能用于路径跟踪过程中的障碍规避问题。

7.4　无人机编队飞行控制试验

　　在自驾仪中实现液体球启发的拟态物理学编队控制方法,利用硬件在回路仿真系统对编队控制方法进行试验验证。试验中考虑液体球启发的 Leader – Follower 编队收敛过程和编队机动时的控制性能。

▶ 7.4.1　编队队形收敛

　　为验证第 5 章中液体球启发的编队控制方法,以及给出的参数关系,考虑两组参数进行硬件在回路试验。

1. 试验 1 : $c_{ri} = \sqrt{k_{ri}}, c_{\theta i} = \sqrt{k_{\theta i} + k_{\theta i-1}}$

考虑 6 架无人机从表 7.4 的初始状态收敛到六边形编队。试验中 Leader 无人机 A_1 沿 90°航向角向东以 25m/s 的速度飞行,参考海拔高度为 100m。试验中无人机的滚转角限制在 ±30°以内。编队中无人机控制参数如式(7.8)所示。

$$k_{ri} = k_{\theta i} = 0.1, c_{ri} = \sqrt{k_{ri}}, c_{\theta i} = \sqrt{k_{\theta i} + k_{\theta i-1}}, r_i = 100(i = 1,2,\cdots,6) \quad (7.8)$$

表 7.4　试验 1 的无人机初始状态

无人机编号	初始状态	无人机编号	初始状态
A_1	(113.4286, 28.2013, 90.1°)	A_4	(113.4256, 28.2018, 83.4°)
A_2	(113.4285, 28.2009, 109.9°)	A_5	(113.4275, 28.2018, 81.8°)
A_3	(113.4265, 28.2013, 90.1°)	A_6	(113.4286, 28.2027, 84.5°)

图 7.29 给出了试验 1 中无人机的飞行轨迹。可以看出,A_1 作为 Leader 不受其他无人机的影响。其他 5 个 Follower 在虚拟弹簧网络的作用下逐渐收敛。但是收敛过程中所有 Follower 的轨迹出现低频的左右振荡。图 7.30 给出了收敛过程中邻居间的间隔角度曲线,所有的间隔角度都在逐渐收敛到 60°附近。图 7.31 给出了收敛过程中的半径曲线,所有半径都逐步收敛到 100m 左右。从图 7.30 和图 7.31 中也可以看出,角度和半径的收敛过程中都存在超调或振荡。试验 1 的结果表明,当参数满足 $c_{ri} < 2\sqrt{k_{ri}}$ 和 $c_{\theta i} < 2\sqrt{k_{\theta i} + k_{\theta i-1}}$ 时,收敛过程中存在超调或振荡。

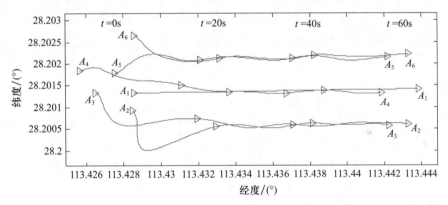

图 7.29　试验 1 中无人机编队的收敛轨迹

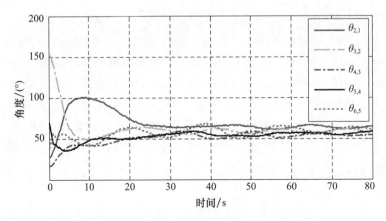

图 7.30　试验 1 中无人机编队间隔角度曲线

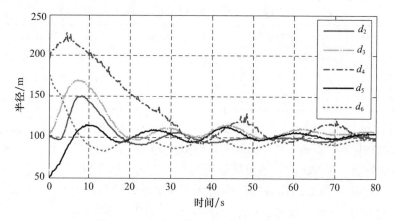

图 7.31　试验 1 中无人机编队半径曲线

2. 试验 2：$c_{ri}=2\sqrt{k_{ri}}$，$c_{\theta i}=2\sqrt{k_{\theta i}+k_{\theta i-1}}$

考虑 6 架无人机从表 7.5 的初始状态收敛到六边形编队。试验中 Leader 无人机 A_1 沿 90°航向角向东以 25m/s 的速度飞行，参考海拔高度为 100m。试验中无人机的滚转角限制在 ±30°以内。编队中无人机控制参数如式（7.9）所示。

表 7.5　试验 2 的无人机初始状态

无人机编号	初始状态	无人机编号	初始状态
A_1	(113.2582,28.2022,90.5°)	A_4	(113.2563,28.2025,88.0°)
A_2	(113.2575,28.2013,89.7°)	A_5	(113.2569,28.2031,83.8°)
A_3	(113.2563,28.2016,93.1°)	A_6	(113.2578,28.2029,82.2°)

$$k_{ri}=k_{\theta i}=0.1,c_{ri}=2\sqrt{k_{ri}},c_{\theta i}=2\sqrt{k_{\theta i}+k_{\theta i-1}},r_i=100(i=1,2,\cdots,6) \quad (7.9)$$

图 7.32 给出了试验 2 中无人机编队的收敛轨迹。可以看出，A_1 作为 Leader 不受其他无人机的影响。其他 5 个 Follower 在虚拟弹簧网络的作用下逐渐收敛，并且收敛过程中所有 Follower 的轨迹没有出现左右振荡。图 7.33 给出了收敛过程中邻居间的间隔角度曲线，所有的间隔角度都在逐渐收敛到 60°附近。图 7.34 给出了收敛过程中的半径曲线，所有半径都逐步收敛到 100m 左右。从图 7.33 和图 7.34 中也可以看出，角度和半径的收敛过程中都不存在超调或振荡。试验 2 的结果表明，当参数满足 $c_{ri}\geqslant 2\sqrt{k_{ri}}$ 和 $c_{\theta i}\geqslant 2\sqrt{k_{\theta i}+k_{\theta i-1}}$ 时，收敛过程中没有超调或振荡。

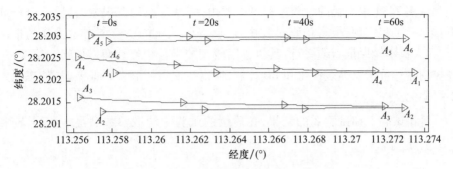

图 7.32　试验 2 中无人机编队的收敛轨迹

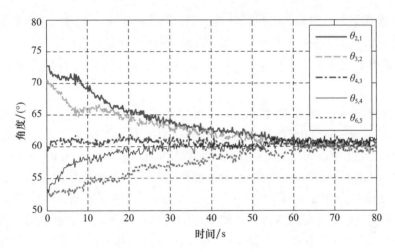

图 7.33　试验 2 中无人机编队间隔角度曲线

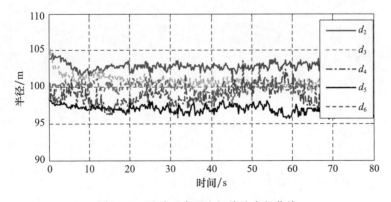

图 7.34　试验 2 中无人机编队半径曲线

从图 7.34 中半径的收敛过程可以看出,编队存在静态误差,其原因分析如下:第一,工程实现误差,仿真过程中发现,令无人机的所有姿态角为 0 的情况下,无人机不能保证直线飞行,其轨迹以较大的半径缓慢地向右偏转。第二,半径控制器等价于反馈线性化和 PD 控制,所以当底层控制存在偏差时,静态误差不可避免。

对比试验 1 和试验 2 的结果,在后续的试验中均取参数满足 $c_{ri} \geqslant 2 \sqrt{k_{ri}}$ 和 $c_{\theta i} \geqslant 2 \sqrt{k_{\theta i} + k_{\theta i-1}}$。

▶ 7.4.2 编队机动飞行

考虑 6 架无人机编队的机动转弯,首先考虑液体球启发的六边形编队。采用液体球启发的 Leader – Follower 编队方法,编队控制参数为

$$k_{ri} = k_{\theta i} = 0.2, c_{ri} = 2 \sqrt{k_{ri}}, c_{\theta i} = 2 \sqrt{k_{\theta i} + k_{\theta i-1}}, r_i = 100(i = 1, 2, \cdots, 6)$$

$$(7.10)$$

试验中 Leader 的速度设定为 25m/s,编队飞行海拔高度统一设定为 300m。编队稳定后,Leader 以 5°滚转角进行右转 90°转弯机动。试验结果如图 7.35 所示,6 架无人机在 Leader 机动的过程中可以稳定编队。从 $t = 20s$ 开始,由于编队中心随着 Leader 的机动发生变化,导致编队处于不平衡状态。此时虚拟弹簧网络的非平衡弹力和力矩阻碍编队的进一步形变;在 $t = 60s$ 时刻,Leader 完成机动之后,不平衡力促使编队重新收敛到平衡的六边形编队状态。整个编队机动过程中,所有的无人机都保持平稳飞行,没有出现超调和振荡。可见,液体球启发的编队控制方法可以用于真实无人机编队控制,并能实现慢速的机动转弯。

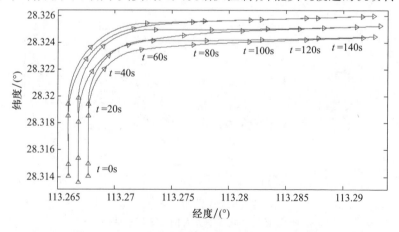

图 7.35　六边形编队机动转弯硬件在回路试验结果

试验中编队内无人机没有发生相互碰撞。因为虚拟弹簧网络对能够产生无人机之间碰撞的相互运动具有阻碍作用,这些阻碍作用包括不平衡的虚拟弹簧力、力矩和虚拟的阻力。因此,使用液体球启发的编队控制方法,所有的无人机因其邻居的运动而做出反应式运动,从而尽量避免内部碰撞的发生,能够有效降低编队机动过程中无人机间碰撞的风险。

7.5　无人机编队重构试验

为验证拟态物理学编队重构方法,分别开展任务队形变换、无人机数量变化和无人机编队避障的硬件在回路仿真试验。

 ## 7.5.1　任务队形变换

为验证任务队形变化时的编队重构策略,给出编队队形变换的试验结果。初始时刻,6 架无人机使用式(7.10)给出的控制参数,按照 25m/s 的速度维持向东的稳定六边形编队飞行。为了获得从六边形编队向三角形编队的变换,在 $t=14s$ 时给出队形变换指令,利用基于拟态物理学的重构策略,在 Leader 和编队中心不变的情况下,可以得到新的控制参数,如式(7.10)所示,只需改变 3 个半径参数,其他参数保持不变。此时,新的配置参数使得编队变得不平衡。虚拟弹簧网络的不平衡力将迫使编队达到新的平衡状态,即逐渐收敛到三角形编队。图 7.36 给出了编队从正六边形变换为三角形的试验结果。可以看出,在 $t=60s$ 时,新队形基本达到收敛。整个编队变换过程中,所有的无人机都保持平稳飞行,没有出现超调和振荡。

为给出 X – Plane 飞行模拟软件中的显示效果,进一步给出紧密编队时队形变换的试验结果,如图 7.37 所示。初始时刻,无人机维持稳定的六边形紧密编队向东飞行,其中 $r_i=10(i=1,2,\cdots,6)$,其他参数与式(7.10)相同。局部改变参数后,编队逐渐收敛到紧密的三角形编队,收敛过程与图 7.36 中的结果类似。图 7.38 和图 7.39 分别给出紧密编队队形变换前后飞行模拟软件 X – Plane 的显示界面。

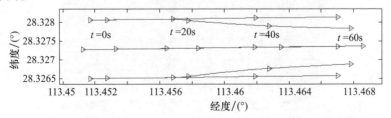

图 7.36　原始编队半径为 100m 时队形变换硬件在回路试验结果

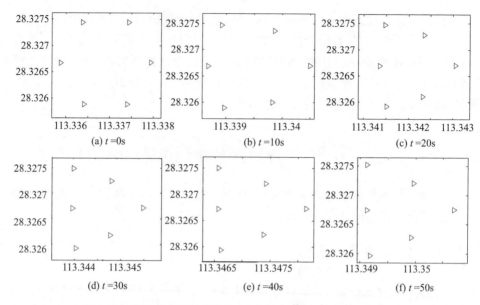

(a) $t=0$s (b) $t=10$s (c) $t=20$s

(d) $t=30$s (e) $t=40$s (f) $t=50$s

图 7.37　原始编队半径为 10m 时队形变换硬件在回路试验结果

图 7.38　队形变换前 X – Plane 编队截图

图 7.39　队形变换后 X – Plane 编队截图

两组仿真中,队形变换过程中没有出现无人机轨迹交叉的情况。由于液体球启发的方法基于虚拟网络模型,在该模型中,任何能够导致碰撞的运动都会受到虚拟弹簧力(力矩)和虚拟阻力的阻碍作用,因此编队能够避免内部的碰撞。

▶ 7.5.2　无人机数量变化

为验证无人机数量变化时的重构策略,给出向原编队中增加一个无人的试验结果。考虑 5 架无人机在液体球启发的 Leader – Follower 编队控制方法的控制下,跟随 Leader 以 25m/s 的速度向东飞行。编队中的和待加入的无人机初始状态如表 7.6 所列。编队中无人机的参数由式(7.11)给出。

$$k_{ri} = k_{\theta i} = 0.2, c_{ri} = 2\sqrt{k_{ri}}, c_{\theta i} = 2\sqrt{k_{\theta i} + k_{\theta i-1}}, r_i = 100(i = 1,2,\cdots,5) \quad (7.11)$$

表 7.6　编队增加无人机试验中无人机的初始状态

无人机编号	初始状态	无人机编号	初始状态
A_1	$(113.4541,28.1790,90.0°)$	A_4	$(113.4522,28.1795,91.4°)$
A_2	$(113.4534,28.1781,90.7°)$	A_5	$(113.4534,28.1798,89.6°)$
A_3	$(113.4523,28.1784,90.7°)$	A_a	$(113.4532,28.1776,88.8°)$

在 $t = 4s$ 时开始加入一架无人机 A_a。按照第 6 章给出的重构策略,首先 A_a 确定最近的两架无人机 A_2 和 A_3,并定义为自己的邻居;紧接着进行通信重构,即在 A_a 和邻居无人机 A_2、A_3 及 Leader 之间建立通信,然后,A_a 复制 A_2 和 A_3 的编队参数,同时停止 A_2 和 A_3 之间的通信。至此,新的虚拟弹簧网络已构建完毕,在虚拟弹簧网络中不平衡力的作用下,新的编队逐渐收敛,结果如图 7.40 所示。可以看出,设计的编队控制参数能够使新的编队无超调地收敛。整个重构过程中,无人机编队像液体球融合一样增加无人机。试验结果表明,基于拟态物理学的编队重构方法能够应用于无人机数量发生变化的编队重构问题。

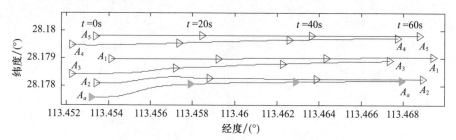

图 7.40　向编队中增加一个无人机的试验结果

▶ 7.5.3 无人机编队避障

分别给出 2 架和 6 架无人机编队过程中的避障试验。试验过程中均使用液体球启发的 Leader – Follower 编队控制方法,其中 Leader 无人机使用第 4 章给出的基于虚拟力的引导律跟踪预定的参考路径并避障。

1. 2 架无人机编队避障

首先考虑 2 架无人机编队,Leader 跟踪一条参考变曲率曲线。参考变曲率曲线为由两个相切圆组成的"8"字航线,两个圆的圆心分别为(113.2259,28.2022)和(113.2310,28.2022),半径均为 250m。无人机在每次经过切点时切换参考圆,从而得到变曲率"8"字参考路径。参考速度为 25m/s,海拔高度为 100m,试验中 2 架无人机的滚转角均限制在 ±30°以内。考虑一个圆形障碍物,圆心为(113.22845,28.2022),半径为 50m。试验中 Leader 使用基于虚拟力的引导律,参数由式(7.7)给出。Follower 使用液体球启发的编队控制方法,编队控制参数由式(7.12)给出。

$$k_{r1} = k_{\theta1} = k_{\theta2} = 0.1, c_{r1} = 2\sqrt{k_{r1}}, c_{\theta1} = 2\sqrt{k_{\theta1} + k_{\theta2}}, r_1 = r_2 = 100 \qquad (7.12)$$

Leader 和 Follower 避障的参数均为

$$k_o = 1, R_d = 100, d_{saf} = 10 \qquad (7.13)$$

图 7.41 给出了 2 架无人机编队跟踪"8"字航线过程中的障碍规避试验结果。可以看出,Leader 在基于虚拟力的引导律作用下沿参考路径飞行,Follower 跟随 Leader。当探测到障碍物之后,Leader 和 Follower 先后在虚拟排斥力的作用下向左机动避障。在绕过圆形障碍之后,Leader 在虚拟弹力和阻力的作用下无超调地收敛到原"8"字航线,Follower 在液体球启发的编队控制方法作用下继续跟踪 Leader。整个过程中 2 架无人机形成编队,并能灵活地避开障碍。试验结果验证了基于拟态物理学的编队重构方法可以有效应用于遇到障碍时的编队重构问题。

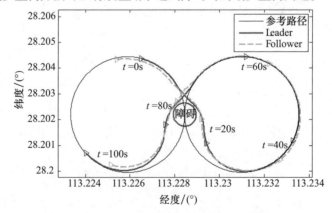

图 7.41 2 架无人机编队避障硬件在回路试验结果

2. 6 架无人机编队避障

考虑 6 架无人机编队过程中避开多个障碍。Leader 跟踪一条沿纬度 28.2022 向东的参考直线路径。参考速度为 25m/s，海拔高度为 100m，试验中所有无人机的滚转角均限制在 ±30° 以内。考虑表 7.7 给出的 3 个圆形障碍物。试验中 Leader 使用基于虚拟力的引导律，参数由式 (7.6) 给出。Follower 使用液体球启发的编队控制方法，编队控制参数由式 (7.14) 给出。

表 7.7　6 架无人机编队避障的圆形障碍物参数

编号	圆心经度/(°)	圆心纬度/(°)	半径/m
障碍 1	113.2432	28.2008	100
障碍 2	113.2473	28.2036	100
障碍 3	113.2514	28.2020	60

$$k_{r1} = k_{\theta 1} = k_{\theta 2} = 0.01, c_{r1} = 2\sqrt{k_{r1}}, c_{\theta 1} = 2\sqrt{k_{\theta 1} + k_{\theta 2}}, r_1 = r_2 = 100 \quad (7.14)$$

Leader 和所有 Follower 避障的参数均为

$$k_o = 1, R_d = 200, d_{saf} = 10 \quad (7.15)$$

图 7.42 给出了 6 架无人机编队跟踪直线路径过程中的障碍规避试验结果。可以看出，Leader 在基于虚拟力的引导律作用下沿参考路径飞行，所有的 Follower 跟随 Leader 形成六边形编队。当 A_2 和 A_3 首先探测到障碍 1 时，设计的虚拟排斥力迫使 A_2 和 A_3 向左转弯机动以达到避开障碍 1 的目的；类似地，障碍物 2 的虚拟排斥力迫使 A_6 和 A_5 向右转向机动避障。从而 6 个智能体组成的编队可以从障碍 1 和障碍 2 之间挤过。当探测到障碍 3 时，A_2 因排斥力而向右转向机动，其他无人机因排斥力而向左转向机动。最终所有的无人机从障碍物 3 的两侧绕过。当编队通过障碍区域以后，在虚拟弹簧网络的作用下又逐渐收敛到原来的队形并沿参考路径继续飞行。可见，整个编队不仅可以像流体挤过较窄的区域一样避开障碍，也可以向流体一样从一个固定障碍两侧流过。试验中，编队内无人机没有发生相互碰撞。因为虚拟弹簧网络对能够产生无人机之间碰撞的相互运动具有阻碍作用，这些阻碍作用包括不平衡的虚拟弹簧力、力矩和虚拟的阻力。因此，使用液体球启发的编队控制方法，所有的无人机因其邻居的运动而做出反应式运动，尽量避免内部碰撞的发生，可以有效降低编队避障过程中无人机间碰撞的风险。试验结果再一次验证了基于拟态物理学的编队重构方法可以有效应用于遇到障碍时的编队重构问题。

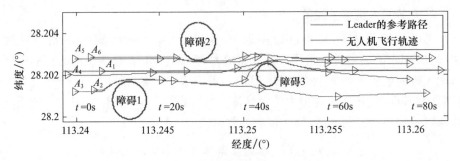

图 7.42　6 架无人机编队避障硬件在回路试验结果

7.6　本章小结

　　本章设计了高保真的硬件在回路试验系统和编队飞行试验系统,并对系统进行了测试。硬件在回路仿真系统和飞行试验系统中使用了相同的自驾仪和地面控制站。通过硬件在回路仿真可以对理论方法进行充分的测试,一些在硬件在回路仿真中暴露的问题可以在开展外场飞行试验之前得到解决,从而降低试验成本。此外,试验结果证明了经过硬件在回路仿真验证的方法和自驾仪可以直接移植到飞行试验系统,经过一些参数微调即可实现无人机编队飞行。本章充分利用硬件在回路仿真系统分别对前面给出的各种方法进行了试验验证。结果表明,基于虚拟力的引导律可以有效应用于直线、圆和变曲率曲线路径的跟踪,并能在路径跟踪过程中避开障碍;液体球启发的编队控制方法能够使无人机编队无超调收敛到期望的队形,并能在编队机动时保证编队的稳定;基于拟态物理学的编队重构策略能够有效应用于任务队形变换、无人机数量变化和编队避障。

参 考 文 献

[1] Wang X, Zhu H, Zhang D, et al. Vision – based detection and tracking of a mobile ground target using a fixed – wing UAV [J]. International Journal of Advanced Robotic Systems, 2014, 11 (156):1-14.

[2] Han J, Xu Y, Di L, et al. Low – cost multi – UAV technologies for contour mapping of nuclear radiation field [J]. Journal of Intelligent & Robotic Systems, 2013, 70(1 – 4):401 – 410.

[3] Cabanas L M. Cooperative perception techniques for multiple unmanned aerial vehicles: applications to the cooperative detection, localization and monitoring of forest fires[D]. [S. l.]: Universidad de Sevilla, 2007.

[4] Ryan A, Zennaro M, Howell A, et al. An overview of emerging results in cooperative UAV control[C]. In IEEE Conference on Decision and Control, 2004:602 – 607.

[5] How J P, Fraser C, Kulling K C, et al. Increasing autonomy of UAVs[J]. IEEE Robotics & Automation Magazine, 2009, 16(2):43 – 51.

[6] Wise R A, Rysdyk R T. UAV coordination for autonomous target tracking[C]. In Proceedings of the AIAA Guidance, Navigation, and Control Conference, Keystone, CO, Aug, 2006:21 – 24.

[7] Oliveira T, Encarnação P. Ground target tracking control system for unmanned aerial vehicles[J]. Journal of Intelligent & Robotic Systems, 2013, 69(1 – 4):373 – 387.

[8] Anderson B, Yu C, Fidan B, et al. Rigid graph control architectures for autonomous formations[J]. IEEE Control Systems Magazine, 2008, 28(6):48 – 63.

[9] Oh K – K, Park M – C, Ahn H – S. A survey of multi – agent formation control[J]. Automatica, 2015, 53 (2015):424 – 440.

[10] Cao Y, Yu W, Ren W, et al. An overview of recent progress in the study of distributed multi – agent coordination[J]. IEEE Transactions on Industrial Informatics, 2013, 9(1):427 – 438.

[11] Wang X, Qin J, Yu C. Iss method for coordination control of nonlinear dynamical agents under directed topology[J]. IEEE Transactions on Cybernetics, 2014, 44(10):1832 – 1845.

[12] Wang X, Yu C, Lin Z. A dual quaternion solution to attitude and position control for rigid – body coordination[J]. IEEE Transactions on Robotics, 2012, 28(5):1162 – 1170.

[13] Millán P, Orihuela L, Jurado I, et al. Formation control of autonomous underwater vehicles subject to communication Delays[J]. IEEE Transactions on Control Systems Technology, 2014, 22(2):770 – 777.

[14] Ahn H – S. Leader – follower type relative position keeping in satellite formation flying via robust exponential stabilization[J]. International Journal of Robust and Nonlinear Control, 2012, 22(18):2084 – 2099.

[15] Ren W, WBeard R. Decentralized scheme for spacecraft formation flying via the virtual structure approach [J]. Journal of Guidance Control and Dynamics, 2004, 27(1):73 – 82.

[16] Gustavi T, Hu X. Observer – based Leader – following formation control using onboard sensor information [J]. IEEE Transactions on Robotics, 2008, 24(6):1457 – 1462.

[17] Mariottini G L, Morbidi F, Prattichizzo D, et al. Vision – based localization for leader – follower formation control[J]. IEEE Transactions on Robotics, 2009, 25(6):1431 – 1438.

［18］Chen X，Yan P，Serrani A. On input－to－state stability－based design for leader/－follower formation control with measurement delays［J］. International Journal of Robust and Nonlinear Control，2013，23（13）：1433－1455.

［19］Panagou D，Kumar V. Cooperative visibility maintenance for leader－follower formations in obstacle environments［J］. IEEE Transactions on Robotics，2014，30（4）：831－844.

［20］Wang X，Zhang J，Zhang D，et al. UAV formation：from numerical simulation to actual flight［C］. In Proceeding of the 2015 IEEE International Conference on Information and Automation. 2015 ：475－480.

［21］Giulietti F，Pollim L，Innocent M. Formation flight control：A behavioral approach ［C］. In AIAA Guidance，Navigation，and Control Conference and Exhibit，2001.

［22］Lawton J R T，Beard R W，Young B J. A decentralized approach to formation maneuvers［J］. IEEE Transactions on Robotics and Automation，2003，19（6）：933－941.

［23］Sadowskaa A，Broekb T，Huijbertsa H，et al. A virtual structure approach to formation control of unicycle mobile robots using mutual coupling［J］. International Journal of Control，2011，84（11）：1886－1902.

［24］Watanabe Y，Amiez A，Chavent P. Fully－autonomous coordinated flight of multiple UAV using decentralized virtual leader approach［C］. In IEEE International Conference on Intelligent Robots and Systems（IROS），2013.

［25］Olfati－Saber R，Murray R M. Distributed cooperative control of multiple vehicle formations using structural potential functions［C］. In IFAC World Congress，2002.

［26］Gazi V. Swarm aggregations using artificial potentials and sliding－mode control［J］. IEEE Transactions on Robotics，2005，21（6）：1208－1214.

［27］Mabrouk M，McInnes C. Solving the potential field local minimum problem using internal agent states ［J］. Robotics and Autonomous Systems，2008，56（12）：1050－1060.

［28］王祥科，李迅，郑志强. 多智能体系统编队控制相关问题研究综述［J］. 控制与决策，2013，28（11）：1601－1613.

［29］Lavretsky E. F/A－18 autonomous formation flight control system design［J］. In AIAA Guidance，Navigation，and Conforence and Exhibit，2002.

［30］洪晔，缪存孝，雷旭升. 基于长机－僚机模式的无人机编队方法及飞行实验研究［J］. 机器人，2010，32（4）：505－509.

［31］陈春东，魏瑞轩，董志，等. 无人机紧密编队协同控制设计与仿真［J］. 电光与控制，2012，19（7）：18－22.

［32］Giulietti F，Pollini L，Innocenti M. Autonomous formation flight［J］. IEEE Control Systems，2000，20（6）：34－44.

［33］Yun B，Chen B M，Lum K Y，et al. Design and implementation of a leader－follower cooperative control system for unmanned helicopters［J］. Journal of Control Theory and Applications，2010，8（1）：61－68.

［34］Gu Y，Seanor B，Campa G，et al. Design and flight testing evaluation of formation control laws. ［J］. IEEE Transactions on Control Systems Technology，2006，14（6）：1105－1112.

［35］Rice C，Gu Y，Chao H，et al. Control performance analysis for autonomous close formation flight experiments ［C］. In International Conference on Unmanned Aircraft Systems（ICUAS），2014.

［36］侯海平，魏瑞轩，刘月，等. 无人机编队的高阶滑模控制方法研究［J］. 飞行力学，2011，29（1）：38－41.

［37］Schumacher C J，Kumar R. Adaptive control of UAVs in close－coupled formation flight［C］. In Proceedings of The 2000 American Control Conference,2000:849 - 853.

[38] 张祥银,段海滨,余亚翔.基于微分进化的多 UAV 紧密编队滚动时域控制[J].中国科学:信息科学, 2010,40(4):569 - 582.

[39] Li Y,Li B,Sun Z,et al. Close formation flight control of multi - UAVs via fuzzy logic technique[M]//Li Y, Li B, Sun Z, et al. Advanced Fuzzy Logic Technologies in Industrial Applications. Springer, 2006: 237 - 247.

[40] Watanabe Y,Amiez A,Chavent P. Fully - autonomous coordinated flight of multiple UAVs using decentralized virtual leader approach[C]. In IEEE/RSJ International Conference on Intelligent Robots and Systems (IROS),2013:5736 - 5741.

[41] Balch T,Arkin R C. Behavior - based formation control for multirobot teams[J]. IEEE Transactions on Robotics and Automation,1998,14(6):926 - 939.

[42] Lawton J R,Beard R W,Young B J. A decentralized approach to formation maneuvers[J]. IEEE Transactions on Robotics and Automation,2003,19(6):933 - 941.

[43] Jadbabaie A,Lin J,Morse A S. Coordination of groups of mobile autonomous agents using nearest neighbor rules[J]. IEEE Transactions on Automatic Control,2003,48(6):988 - 1001.

[44] Arrichiello F,Chiaverini S,Indiveri G,et al. The null - space - based behavioral control for mobile robots with velocity actuator saturations[J]. International Journal of Robotics Research,2010,29(10):1317 - 1337.

[45] Giulietti F,Pollini L,Innocenti M,et al. Formation flight control:a behavioral approach[C]. AIAA Guidance,Navigation,and Control conference 2001,1 - 5.

[46] Cai D,Sun J,Wu S. Uavs formation flight control based on behavior and virtual structure[M]//Cai D,Sun J,Wu S. AsiaSim 2012. Springer,2012:429 - 438.

[47] Lewis M A,Tan K - H. High precision formation control of mobile robots using virtual structures[J]. Autonomous Robots,1997,4(4):387 - 403.

[48] Ögren P,Egerstedt M,Hu X. A Control Lyapunov function approach to multiagent coordination[J]. IEEE Transactions on Robotics and Automation,2002,18(5):847.

[49] Ren W,Beard R W. Formation feedback control for multiple spacecraft via virtual structures[J]. IEE Proceedings - Control Theory and Applications,2004,151(3):357 - 368.

[50] Ren W,Beard R. Decentralized scheme for spacecraft formation flying via the virtual structure approach[J]. Journal of Guidance,Control,and Dynamics,2004,27(1):73 - 82.

[51] Yoshioka C,Namerikawa T. Formation control of nonholonomic multi - vehicle systems based on virtual structure[J]. IFAC Proceedings Volumes,2008,41(2):5149 - 5154.

[52] Van den Broek T H,van de Wouw N,Nijmeijer H. Formation control of unicycle mobile robots:A virtual structure approach[C]. In IEEE Conference on Decision and Control,2009:8328 - 8333.

[53] Lalish E,Morgansen K A,Tsukamaki T. Formation tracking control using virtual structures and deconfliction [C]. In IEEE Conference on Decision and Control,2006:5699 - 5705.

[54] Li N H,Liu H H. Formation UAV flight control using virtual structure and motion synchronization[C]. American Control Conference,2008.

[55] Low C B,San Ng Q. A flexible virtual structure formation keeping control for fixed - wing UAVs[C]. In IEEE International Conference on Control and Automation(ICCA),2011:621 - 626.

[56] Low C B. A dynamic virtual structure formation control for fixed - wing UAVs[C]. In IEEE International Conference on Control and Automation(ICCA),2011:627 - 632.

［57］ Rezaee H,Abdollahi F. Motion synchronization in unmanned aircrafts formation control with communication delays[J]. Communications in Nonlinear Science and Numerical Simulation,2013,18(3):744 – 756.

［58］ 宋敏,魏瑞轩,胡明朗. 基于虚拟长机的无人机侦察编队控制方法[J]. 系统工程与电子技术,2010, 32(11):2412 – 2415.

［59］ Anderson B D,Fidan B,Yu C,et al. UAV formation control:theory and application[M]//Anderson B D,Fidan B,Yu C,et al. Recent Advances in Learning and Control. Springer,2008:15 – 33.

［60］ Watanabe Y. Coordinated control of multiple UAVs:Theory and flight experiment[C]. In AIAA Guidance, Navigation,and Control Conference,2013:19 – 22.

［61］ Yao J,Han X,Xu W,et al. Formation and obstacles avoidance of Leader – Follower networks with time – varying coupling delays[C]. In International Conference on Advanced Mechatronic Systems,2012:207 – 212.

［62］ Secchi C,Fantuzzi C. Formation control over delayed communication networks[C]. In IEEE International Conference on Robotics and Automation(ICRA),2008:563 – 568.

［63］ Bennet D J,MacInnes C,Suzuki M,et al. Autonomous three – dimensional formation flight for a swarm of unmanned aerial vehicles[J]. Journal of Guidance,Control,and Dynamics,2011,34(6):1899 – 1908.

［64］ Fax J A,Murray R M. Graph Laplacians and stabilization of vehicle formations[C]. In CDS Technical Report 01 – 007. California Institute of Technology,2001.

［65］ Fukushima H,Kon K,Matsuno F. Model predictive formation control using branch – and – bound compatible with collision avoidance Problems[J]. IEEE Transactions on Robotics,2013,29(5):1308 – 1317.

［66］ Haghighi R,Wang D,Low C. Real – time distributed optimal trajectory generation for nonholonomic vehicles in formations[C]. In IEEE International Conference on Robotics and Automation (ICRA),2014.

［67］ Sauter L,Palmer P. Onboard semianalytic approach to collision – free formation reconfiguration[J]. IEEE Transactions on Aerospace and Electronic Systems,2012,48(3):2638 – 2652.

［68］ Pollini L,Giulietti F,Innocenti M. Robustness to communication failures within formation flight[C]. In American Control Conference,2002:2860 – 2866.

［69］ Venkataramanan S,Dogan A. Nonlinear control for reconfiguration of UAV formation[C]. In AIAA Guidance,Navigation,and Control Conference,2003.

［70］ Dogan A,Venkataramanan S. Nonlinear control for reconfiguration of unmannedaerial – vehicle formation [J]. Journal of Guidance,Control,and Dynamics,2005,28(4):667 – 678.

［71］ Venkataramanan S,Dogan A. A multi – UAV simulation for formation reconfiguration[C]. In AIAA Modeling and Simulation Technologies Conference and Exhibit,2004:16 – 19.

［72］ Xiang C,Aghdam A G. A two – stage formation flying strategy to reduce the mission time[C]. In IEEE International Conference on System of Systems Engineering,2007:1 – 4.

［73］ Ajorlou A,Moezzi K,Aghdam A G,et al. Energy and time efficient formation reconfiguration strategies[C]. In IEEE Conference on Decision and Control,2009:3081 – 3086.

［74］ Ajorlou A,Moezzi K,Aghdam A G,et al. Two – stage time – optimal formation reconfiguration strategy under acceleration and velocity constraints[C]. In IEEE Conference on Decision and Control,2010:7455 – 7460.

［75］ Ajorlou A,Moezzi K,Aghdam A G,et al. Two – stage energy – optimal formation reconfiguration strategy [J]. Automatica,2012,48(10):2587 – 2591.

［76］ Ajorlou A,Moezzi K,Aghdam A G,et al. Two – stage time – optimal formation reconfiguration strategy[J]. Systems & Control Letters,2013,62(6):496 – 502.

［77］ Zelinski S,Koo T – J,Sastry S. Optimization – based formation reconfiguration planning for autonomous vehicles[C]. In International Conference on Robotics and Automation(ICRA),2003:3758 – 3763.

[78] Zelinski S,Koo T J,Sastry S. Hybrid system design for formations of autonomous vehicles[C]. In IEEE Conference on Decision and Control,2003:1 – 6.

[79] Valicka C G,Stipanovic D M,Bieniawski S R,et al. Cooperative avoidance control for UAVs[C]. In International Conference on Control,Automation,Robotics and Vision,2008:1462 – 1468.

[80] Lie F A P,Go T H. A collision – free formation reconfiguration control approach for Unmanned Aerial Vehicles[J]. International Journal of Control,Automation and Systems,2010,8(5):1100 – 1107.

[81] 张立鹏,魏瑞轩,刘月,等.无人机编队构成的分散最优控制方法研究[J].飞行力学,2012,1:008.

[82] Bai C,Duan H,Li C,et al. Dynamic multi – UAVs formation reconfiguration based on hybrid diversity – PSO and time optimal control[C]. In IEEE Intelligent Vehicles Symposium,2009:775 – 779.

[83] Tian J,Cui N,Mu R. Optimal formation reconfiguration using genetic algorithms[C]. In Computer Modeling and Simulation,2009. ICCMS'09. International Conference on,2009:95 – 98.

[84] 熊伟,陈宗基,周锐.运用混合遗传算法的多机编队重构优化方法[J].航空学报,2008,29(B05):209 – 214.

[85] Duan H,Luo Q,Shi Y,et al. Hybrid particle swarm optimization and genetic algorithm for multi – UAV formation reconfiguration[J]. IEEE Computational Intelligence Magazine,2013,8(3):16 – 27.

[86] Ueno S,Kwon S J. Optimal reconfiguration of UAVs in formation flight[C]. In SICE,2007 Annual Conference,2007:2611 – 2614.

[87] 华思亮,尤优,张红,等.无人机编队的滚动时域控制[J].电光与控制,2012,19(3):1 – 5.

[88] 周欢,魏瑞轩,崔军辉,等.面向不确定性环境的多无人机协同防碰撞[J].电光与控制,2014,21(1):91 – 96.

[89] Hafez A,Iskandarani M,Givigi S,et al. UAVs in formation and dynamic encirclement via model predictive control[J]. IFAC Proceedings Volumes,2014,47(3):1241 – 1246.

[90] Chao Z,Ming L,Shaolei Z,et al. Collision – free UAV formation flight control based on nonlinear MPC[C]. In International Conference on Electronics,Communications and Control,2011:1951 – 1956.

[91] Ru C – j,Wei R – x,Wang Y – y,et al. Multimodel predictive control approach for UAV formation flight[J]. Mathematical Problems in Engineering,2014:1 – 14.

[92] Wang X,Yadav V,Balakrishnan S. N Cooperative UAV formation flying with obstacle/collision avoidance[J]. IEEE Transactions on Control Systems Technology,2007,15(14):672 – 679.

[93] Chevet T,Vlad C,Maniu S,Cristina,et al. Decentralized mpc for uavs formation deployment and reconfiguration with multiple outgoing agents[J]. Journal of Intelligent & Robotic Systems,2020,97:155 – 170.

[94] Richards A,How J. Decentralized model predictive control of cooperating UAVs[C]. In IEEE Conference on Decision and Control,2004:4286 – 4291.

[95] Borrelli F,Keviczky T,Balas G J. Collision – free UAV formation flight using decentralized optimization and invariant sets[C]. In IEEE Conference on Decision and Control,2004:1099 – 1104.

[96] Kuwata Y,Richards A,Schouwenaars T,et al. Decentralized robust receding horizon control for multi – vehicle guidance[C]. In American Control Conference,2006:2047 – 2052.

[97] Trodden P,Richards A. Cooperative distributed MPC of linear systems with coupled constraints[J]. Automatica,2013,49(2):479 – 487.

[98] Weihua Z,Go T H. 3 – D formulation of formation flight based on model predictive control with collision avoidance scheme[C]. In Proceedings of the 48th AIAA Aerospace Sciences Meeting Including the New Ho-

rizons Forum and Aerospace Exposition,2010.

[99] Dunbar W B. Distributed receding horizon control of dynamically coupled nonlinear systems[J]. IEEE Transactions on Automatic Control,2007,52(7):1249 – 1263.

[100] Shin J,Kim H J. Nonlinear model predictive formation flight[J]. IEEE Transactions on Systems,Man,and Cybernetics – Part A:Systems and Humans,2009,39(5):1116 – 1125.

[101] 茹常剑,魏瑞轩,戴静,等.基于纳什议价的无人机编队自主重构控制方法[J].自动化学报,2013,39(8):1349 – 1359.

[102] 彭辉,沈林成,朱华勇.基于分布式模型预测控制的多 UAV 协同区域搜索[J].航空学报,2010(3):593 – 601.

[103] 祁晓明,魏瑞轩,沈东,等.基于运动目标预测的多无人机分布式协同搜索[J].系统工程与电子技术,2014,36(12):2417 – 2425.

[104] 杜继永,张凤鸣,毛红保,等.多 UAV 协同搜索的博弈论模型及快速求解方法[J].上海交通大学学报,2013,47(4):667 – 673.

[105] Camponogara E,Jia D,Krogh B H,et al. Distributed model predictive control[J]. IEEE Control Systems,2002,22(1):44 – 52.

[106] Miklic D,Bogdan S,Nestic S,et al. A discrete grid abstraction for formation control in the presence of obstacles.[C]. In IEEE International Conference on Intelligent Robots and Systems (IROS),2009:3750 – 3755.

[107] Miklic D,Bogdan S,Fierro R. Decentralized grid – based algorithms for formation reconfiguration and synchronization.[C]. In IEEE International Conference on Robotics and Automation (ICRA),2010:4463 – 4468.

[108] Miklic D,Bogdan S,Fierro R,et al. A grid – based approach to formation reconfiguration for a class of robots with non – holonomic constraints[J]. European Journal of Control,2012,18(2):162 – 181.

[109] Giacomin P A S,Hemerly E M. Reconfiguration between longitudinal and circular formations for multi – UAV systems by using segments[J]. Journal of Intelligent & Robotic Systems,2015,78(2):339 – 355.

[110] Kim H – s,Kim Y. Trajectory optimization for unmanned aerial vehicle formation reconfiguration[J]. Engineering Optimization,2014,46(1):84 – 106.

[111] Bencatel R,Faied M,Sousa J,et al. Formation control with collision avoidance[C]. In IEEE Conference on Decision and Control and European Control Conference,2011:591 – 596.

[112] 魏瑞轩,周欢,茹常剑,等.基于认知制导的无人机安全控制方法研究[J].电光与控制,2013,20(10):18 – 21.

[113] 茹常剑,魏瑞轩,郭庆,等.面向无人机自主防碰撞的认知博弈制导控制[J].控制理论与应用,2014(11):1555 – 1560.

[114] Walls J,Howard A,Homaifar A,et al. A generalized framework for autonomous formation reconfiguration of multiple spacecraft[C]. In IEEE Aerospace Conference,2005:397 – 406.

[115] Min H,Guoqiang Z. Application of cyclic pursuit strategy to formation reconfiguration of spacecraft clusters [C]. In Chinese Control Conference,2012:4318 – 4321.

[116] Huang X,Yan Y,Zhou Y. Optimal spacecraft formation establishment and reconfiguration propelled by the geomagnetic Lorentz force[J]. Advances in Space Research,2014,54(11):2318 – 2335.

[117] Dong X,Shi Z,Lu G,et al. Time – varying formation control for high – order linear swarm systems with switching interaction topologies[J]. IET Control Theory & Applications,2014,8(18):2162 – 2170.

[118] Wang R, Dong X, Li Q, et al. Distributed adaptive formation control for linear swarm systems with time – varying formation and switching topologies[J]. IEEE Access, 2016, 4:8995 – 9004.

[119] Hua Y, Dong X, Li Q, et al. Distributed fault – tolerant time – varying formation control for second – order multi – agent systems with actuator failures and directed topologies[J]. IEEE Transactions on Circuits and Cystems II: Express Briefs, 2018, 65(6):774 – 778.

[120] Jin T, Liu Z, Zhou H. Cluster formation for multi – agent systems under disturbances and unmodelled uncertainties[J]. IET Control Theory & Applications, 2017, 11(15):2630 – 2635.

[121] Spears W M, Spears D F. Physicomimetics: Physics – based swarm intelligence[M]. Springer Science & Business Media, 2012.

[122] Spears W M, Spears D F, Heil R, et al. An overview of physicomimetics[C]. In International Workshop on Swarm Robotics, 2004:84 – 97.

[123] Spears W M, Gordon D F. Using artificial physics to control agents[C]. In International Conference on Information Intelligence and Systems, 1999:281 – 288.

[124] Gordon – Spears D F, Spears W M. Analysis of a phase transition in a physics – based multiagent system [C]. In International Workshop on Formal Approaches to Agent – Based Systems, 2002:193 – 207.

[125] Spears W M, Spears D F, Hamann J C, et al. Distributed, physics – based control of swarms of vehicles[J]. Autonomous Robots, 2004, 17:137 – 162.

[126] Kerr W, Spears D. Robotic simulation of gases for a surveillance task[C]. In IEEE International Conference on Intelligent Robots and Systems (IROS), 2005:2905 – 2910.

[127] Kerr W, Spears D, Spears W, et al. Two formal gas models for multi – agent sweeping and obstacle avoidance[M]. Formal Approches to Agent – Based systems Springer Berlin Heidelberg, 2005:111 – 130.

[128] Kerr W, Spears D. Robotic simulation of gases for a surveillance task[C]. In International Conference on Intelligent Robots and Systems, 2005:2980 – 2985.

[129] Landau L D, Lifshitz E M. Fluid mechanics, vol 6[M]. KIDCINGTON, United Kingdom. 1987.

[130] Pimenta L C, Michael N, Mesquita R C, et al. Control of swarms based on hydrodynamic models[C]. In IEEE International Conference on Robotics and Automation(ICRA), 2008:1948 – 1953.

[131] Lipinski D, Mohseni K. Cooperative control of a team of unmanned vehicles using smoothed particle hydrodynamics[C]. In Proceedings of the 2010 AIAA Guidance, Navigation, and Control Conference, 2010.

[132] Hettiarachchi S, Spears W M, Hettiarachchi S, et al. Distributed adaptive swarm for obstacle avoidance[J]. International Journal of Intelligent Computing and Cybernetics, 2009, 2(4):644 – 671.

[133] Ren W, Beard R W. Trajectory tracking for unmanned air vehicles with velocity and heading rate constraints [J]. IEEE Transactions on Control Systems Technology, 2004, 12(5):706 – 716.

[134] Ducard G J. Fault – tolerant flight control and guidance systems: Practical methods for small unmanned aerial vehicles[M]. Springer London, 2009.

[135] 尚莹, 高晓光, 符小卫. 基于非线性 PID 控制的无人机飞控系统优化设计[J]. 飞行力学, 2010, 28(3):47 – 50.

[136] 韩京清. 自抗扰控制技术——估计补偿不确定因素的控制技术[M]. 北京:国防工业出版社, 2009.

[137] Han J. From PID to active disturbance rejection control[J]. IEEE Transaction on Industrial Electronics, 2009, 56(3):900 – 906.

[138] 熊治国, 孙秀霞, 尹晖, 等. 飞机俯仰运动自抗扰控制器设计[J]. 信息与控制学报, 2005, 34(5):

576 – 579.

[139] 陈金科,孙秀霞,张力. 基于 ADRC 的无人机纵向通道控制[J]. 空军工程大学学报,2006,7(6):
10 – 12.

[140] Wang X,Kong W,Zhang D,et al. Active disturbance rejection controller for small fixed – wing UAVs with model uncertainty [C]. In IEEE International Conference on Information and Automation,2015: 2299 – 2304.

[141] Wang X,Yao X,Zhang L. Path planning under constraints and path following control of autonomous underwater vehicle with dynamical uncertainties and wave disturbances[J]. Journal of Intelligent & Robotic Systems,2020,99(3 – 4):891 – 908.

[142] Massimiliano I,Antonio S. Path following and obstacle avoidance for an autonomous UAV using a depth camera[J]. Robotics and Autonomous Systems,2018,106:38 – 46.

[143] Radmanesh M,Kumar M,Guentert P H,et al. Overview of path planning and obstacle avoidance algorithms for UAVs:a comparative study[J]. Unmanned Systems,2018,6(2):2301 – 3850.

[144] Carrio A,Lin Y,Saripalli S,et al. Obstacle detection system for small UAVs using ADS – B and thermal imaging[J]. Journal of Intelligent & Robotic Systems,2017,88(2 – 4):583 – 595.

[145] Rodríguez – Seda E J,Tang C,Spong M W,et al. Trajectory tracking with collision avoidance for nonholonomic vehicles with acceleration constraints and limited sensing[J]. International Journal of Robotics Research,2014,33(12):1569 – 1592.

[146] Kumon M,Nagata M,Kohzawa R,et al. Flight path control of small unmanned air vehicle[J]. Journal of Field Robotics,2006,23(3 – 4):223 – 244.

[147] Alessandretti A,Aguiar A P,Jones C. Trajectory – tracking and path – following controllers for constrained underactuated vehicles using Model Predictive Control[C]. In European Control Conference,2013:1371 – 1376.

[148] Castillo C,Moreno W,Valavanis K. Unmanned helicopter waypoint trajectory tracking using model predictive control[C]. In Mediterranean Conference on Control & Automation,2007:1 – 8.

[149] Künhe F,Gomes J,Fetter W. Mobile robot trajectory tracking using model predictive control[C]. In IEEE Latin – American Robotics Symposium,2005.

[150] Brezoescu A,Espinoza T,Castillo P,et al. Adaptive trajectory following for a fixed – wing UAV in presence of crosswind[J]. Journal of Intelligent & Robotic Systems,2013,69(1 – 4):257 – 271.

[151] Fossen T I,Pettersen K Y,Galeazzi R. Line – of – sight path following for dubins paths with adaptive sideslip compensation of drift forces[J]. IEEE Transactions on Control Systems Technology,2015,23(2): 820 – 827.

[152] Poznyak A S,Yu W,Sanchez E N,et al. Nonlinear adaptive trajectory tracking using dynamic neural networks[J]. IEEE Transactions on Neural Networks,1999,10(6):1402 – 1411.

[153] Chwa D. Sliding – mode tracking control of nonholonomic wheeled mobile robots in polar coordinates[J]. IEEE Transactions on Control Systems Technology,2004,12(4):637 – 644.

[154] Yang J – M,Kim J – H. Sliding mode control for trajectory tracking of nonholonomic wheeled mobile robots [J]. IEEE Transactions on Robotics and Automation,1999,15(3):578 – 587.

[155] Divelbiss A W,Wen J T. Trajectory tracking control of a car – trailer system[J]. IEEE Transactions on Control Systems Technology,1997,5(3):269 – 278.

[156] Ratnoo A,Sujit P,Kothari M. Adaptive optimal path following for high wind flights[C]. In IFAC World

Congress,2011.

[157] Schoellig A P,Mueller F L,D'Andrea R. Optimization – based iterative learning for precise quadrocopter trajectory tracking[J]. Autonomous Robots,2012,33(1 – 2):103 – 127.

[158] Conte G,Duranti S,Merz T. Dynamic 3D path following for an autonomous helicopter[C]. In IFAC Symposium on Intelligent Autonomous Vehicles,2004.

[159] Fossen T I,Breivik M,Skjetne R. Line – of – sight path following of underactuated marine craft[J]. IFAC Ploceedings Volumes,2003,36(21):244 – 249.

[160] Kothari M,Postlethwaite I,Gu D – W. UAV path following in windy urban environments[J]. Journal of Intelligent & Robotic Systems,2014,74(3 – 4):1013 – 1028.

[161] Park S,Deyst J,How J P. A new nonlinear guidance logic for trajectory tracking[C]. In Proceedings of the AIAA Guidance,Navigation and Control Conference,2004:1 – 16.

[162] Sujit P B,Saripalli S,Sousa J B. Unmanned aerial vehicle path following:a survey and analysis of algorithms for fixed – wing unmanned aerial vehicles[J]. IEEE Control Systems,2014,34(1):42 – 59.

[163] Park S,Deyst J,How J P. Performance and Lyapunov stability of a nonlinear path following guidance method[J]. Journal of Guidance,Control,and Dynamics,2007,30(6):1718 – 1728.

[164] Jung W,Lim S,Lee D,et al. Unmanned aircraft vector field path following with arrival angle control[J]. Journal of Intelligent & Robotic Systems,2016:1 – 15.

[165] Nelson D R,Barber D B,McLain T W,et al. Vector field path following for miniature air vehicles[J]. IEEE Transactions on Robotics,2007,23(3):519 – 529.

[166] Howard T M,Green C J,Kelly A. Receding horizon model – predictive control for mobile robot navigation of intricate paths[C]. In Field and Service Robotics,2010:69 – 78.

[167] Hwang C – L,Chang L – J. Trajectory tracking and obstacle avoidance of car – like mobile robots in an intelligent space using mixed H_2/H_∞ decentralized control[J]. IEEE Transactions on Mechatronics,2007,12(3):345 – 352.

[168] Borenstein J,Koren Y. Real – time Obstacle avoidance for fast mobile robots in cluttered environments[C]. IEEE International Conference on Robotics and Automation,1990.

[169] Borenstein J,Koren Y. The vector field histogram – fast obstacle avoidance for mobile robots[J]. IEEE Transactions on Robotics and Automation,1991,7(3):278 – 288.

[170] Nakai K,Uchiyama K. Vector fields for UAV guidance using potential function method for formation flight[C]. AIAA Guidance,Navigation,and Control Conference and Exhibit,2013.

[171] Goncalves V,Pimenta L C,Maia C A,et al. Vector fields for robot navigation along time – varying curves in n – dimensions[J]. IEEE Transactions on Robotics,2010,26(4):647 – 659.

[172] Khatib O. Real – time obstacle avoidance for manipulators and mobile robots[J]. The International Journal of Robotics Research,1986,5(1):90 – 98.

[173] Nguyen P D H,Recchiuto C T,Sgorbissa A. Real – time path generation and obstacle avoidance for multirotors:A novel approach[J]. Journal of Intelligent & Robotic Systems,2018,89(1 – 2):27 – 49.

[174] Sgorbissa A. Integrated robot planning,path following,and obstacle avoidance in two and three dimensions:Wheeled robots,underwater vehicles,and multicopters[J]. The International Journal of Robotics Research,2019,38(7):853 – 876.

[175] Wilhelm J,Clem G. Vector field UAV guidance for path following and obstacle avoidance with minimal deviation[J]. Journal of Guidance,Control & Dynamics,2019,42(9):1848 – 1856.

[176] Stefan S,Tobias N,Javier A – M,et al. Sample efficient learning of path following and obstacle avoidance behavior for quadrotors[J]. IEEE Robotics and Automation Letters,2018,3(4):3852 – 3859.

[177] Hoy M,Matveev A S,Savkin A V. Algorithms for collision – free navigation of mobile robots in complex cluttered environments:A survey[J]. Robotica,2015,33(3):463 – 497.

[178] 王勋,张代兵,沈林成. 一种基于虚拟力的无人机路径跟踪控制方法[J]. 机器人,2016,38(3):329 – 336.